LabVIEW虚拟仪器
程序设计与应用

主　编◎邓　奕　韩　剑
副主编◎李富强　刘远聪　陈　静

华中科技大学出版社
http://press.hust.edu.cn
中国·武汉

内 容 简 介

本书按照循序渐进、由浅入深的原则,通过理论与实例的结合,介绍了利用 LabVIEW 2013 进行虚拟仪器程序设计的方法。全书共 13 章,主要分为 2 部分:前 10 章为第 1 部分,主要讲解 LabVIEW 基础知识,包括 LabVIEW 2013 中文版安装说明、LabVIEW 2013 编程环境、LabVIEW 2013 基本操作、常用数据类型、数据类型转换、程序结构、变量与节点、图形显示、文件 I/O、串行通信、数据采集;后 3 章为第 2 部分,主要通过综合实例对第 1 部分基础知识进行巩固和运用。本书的每个章节都有与之相关的实例,并配有详细的操作步骤,可以让读者快捷、轻松地掌握相应的编程方法。

本书基础知识讲解详细、内容全面,并配有大量基础实例作为参考,可供计算机、电子信息、机电一体化、自动化、测控技术等专业的学生使用。

为了方便教学,本书还配有电子课件等教学资源包,任课教师可以发邮件至 hustpeiit@163.com 索取。

图书在版编目(CIP)数据

LabVIEW 虚拟仪器程序设计与应用/邓奕,韩剑主编.—武汉:华中科技大学出版社,2015.5(2025.2 重印)
应用型本科信息大类专业"十二五"规划教材
ISBN 978-7-5680-0845-7

Ⅰ.①L… Ⅱ.①邓… ②韩… Ⅲ.①软件工具-程序设计-高等学校-教材 Ⅳ.①TP311.56

中国版本图书馆 CIP 数据核字(2015)第 099663 号

LabVIEW 虚拟仪器程序设计与应用   邓 奕 韩 剑 主编

策划编辑:康 序
责任编辑:张 琼
封面设计:孢 子
责任校对:张 琳
责任监印:朱 玢
出版发行:华中科技大学出版社(中国·武汉)   电话:(027)81321913
　　　　　武汉市东湖新技术开发区华工科技园   邮编:430223
录　排:武汉三月禾文化传播有限公司
印　刷:武汉邮科印务有限公司
开　本:787mm×1092mm 1/16
印　张:17.25
字　数:471 千字
版　次:2025 年 2 月第 1 版第 7 次印刷
定　价:55.00 元

随着电子技术、计算机技术和数字信号处理技术的飞速发展,以及这些技术在测量领域的广泛应用,仪器领域发生了巨大变化。虚拟仪器是将现有的计算机技术、软件设计技术和高性能模块化硬件结合在一起而建立的功能强大且又灵活易变的仪器。在虚拟仪器中,硬件仅仅是用于解决信号的输入、输出和调理问题,软件才是整个仪器系统的关键。在不改变硬件的情况下,用户可以通过修改软件,方便地改变仪器系统的功能,因此在虚拟仪器中可以说"软件就是仪器"。美国国家仪器有限公司(National Instruments,NI)作为虚拟仪器技术的主要倡导者,无论是在硬件方面还是在软件方面都做出了突出的贡献,其推出的 LabVIEW 是目前国际上最成功的图形化集成开发环境,在众多领域得到了广泛应用。

LabVIEW 与其他计算机语言的显著区别是:其他计算机语言都是采用基于文本的语言产生代码,而 LabVIEW 使用的是图形化编辑语言 G 编写程序,产生的程序是框图的形式。LabVIEW 软件是 NI 设计平台的核心,也是开发测量或控制系统的理想选择。LabVIEW 开发环境集成了工程师和科学家快速构建各种应用所需的所有工具,提供了实现编程和数据采集系统的便捷途径,能帮助工程师和科学家解决问题、提高生产力和不断创新。

LabVIEW 从 1986 年问世以来,经过不断改进和版本升级,已经从最初简单的数据采集和仪器控制的工具发展成为科技人员用来设计、发布虚拟仪器软件的图形化平台,成为测试测量和控制行业的标准软件平台。本书按照循序渐进、逐步深入的原则,通过理论和实例相结合的方式,介绍了利用 LabVIEW 2013 进行虚拟仪器程序设计的方法和技巧。

本书共 13 章,主要内容介绍如下。

● 第 1 章 LabVIEW 基础知识。本章主要对 LabVIEW 做简单的介绍,主要包括 LabVIEW 的发展历史、LabVIEW 2013 详细的安装说明、LabVIEW 2013 编程环境、LabVIEW 2013 基本概念、LabVIEW 2013 中基本 VI 的创建与编辑,让读者尽快熟悉 LabVIEW 2013 编程环境和界面。

● 第 2 章 数据操作。本章开始介绍 LabVIEW 编程过程中常用的数据类型与数据运算,主要包括三种数据类型(数值型、布尔型、字符串型)和与之对应的数据运算(数值运算、逻辑运算和字符串运算),最后通过实例让读者初步了解和认识 LabVIEW 编程。

● 第 3 章 数组数据和簇数据。本章主要介绍了 LabVIEW 编程中常用的两种数据,即数组数据和簇数据,分别讲解了数组数据和簇数据的创建,以及常用的数组函数和簇函数的内容,并讲解了数组数据和簇数据的区别,以实例让读者加深对数组数据和簇数据的认识。

- 第 4 章 数据类型转换。本章主要介绍了 LabVIEW 编程中常用的数据类型转换函数,包括数值和字符串的转换、字节数组和字符串的转换、数组和簇的转换等。

- 第 5 章 程序结构。本章主要讲解了 LabVIEW 编程中常用的程序结构,包括循环结构、条件结构、顺序结构、事件结构、禁用结构等,并详细地讲解了循环结构中常用的移位寄存器、条件结构与外部数据交换等。

- 第 6 章 变量与节点。本章介绍了与文本编程语言类似的局部变量和全局变量的使用,介绍了 LabVIEW 编程中常用的节点,并在最后详细介绍了 LabVIEW 编程中子 VI 的创建、编辑及调用,方便读者设计出更高效、更强大的 VI 程序。

- 第 7 章 图形和图表显示。本章介绍了几种常用的图形和图表显示,包括波形图、波形图表、XY 图、强度图和强度图表,并通过实例比较、分析图形显示和图表显示的区别。

- 第 8 章 文件 I/O。本章主要介绍了 LabVIEW 编程中文件的写入和文件的读取,简单地介绍了几种常用的文件类型(包括文本文件、二进制文件和波形文件),并分析了几种文件类型的联系和区别。

- 第 9 章 串行通信。本章介绍了串行通信的基本概念,并介绍了 LabVIEW 中与串行通信相关的函数节点,最后通过 PC 与 PC、LabVIEW 与单片机、LabVIEW 与 PLC 的串行通信三个实例详细地说明了串行通信原理与应用。

- 第 10 章 LabVIEW 数据采集。本章首先介绍了数据采集的概念,然后介绍了与数据采集相关的 DAQmx 驱动软件,详细地介绍了创建一个仿真的板卡来模拟真实的数据采集的方法。

- 第 11 章 基于 LabVIEW 简易电子琴的设计。本章通过基于 LabVIEW 电子琴设计,模拟真实的电子琴进行演奏,主要为了巩固前面章节的基础知识,并简单讲解了 LabVIEW 界面的优化。

- 第 12 章 基于 LabVIEW 自动售卖机的设计。本章主要介绍基于 LabVIEW 自动售卖机的设计,使之与日常生活中的自动售卖机具有相同的功能,同时还介绍了自定义控件的创建与使用。

- 第 13 章 基于 LabVIEW 简易计算器的设计。本章主要通过与实际计算器进行比较,设计了基于 LabVIEW 的简易计算器,该实例中包含大量的子 VI 和数据处理,可以很好地帮助读者学会子 VI 的创建、调用,以及帮助读者掌握复杂的数据处理等方法和技巧。

本书由武汉纺织大学邓奕教授、桂林电子科技大学信息科技学院韩剑担任主编,由中国矿业大学徐海学院李富强、西北师范大学知行学院刘远聪、北京交通大学海滨学院陈静担任副主编。全书由邓奕审核并统稿。

在将近一年的时间里,本书在编写、程序设计、程序调试与制作电子课件的过程中,我们得到了家人、同事、朋友、学生的支持、鼓励和帮助,在此深表感谢。

在当前新工科建设的背景下,为进一步助力产学合作协同创新,深入推进产学合作协同育人,美国国家仪器公司(NI)和广州粤嵌通信科技股份有限公司积极响应教育部号召,面向全国高等学校开放产学合作协同育人项目,助力高校加快工程教育改革创新,更好地培养多样化、创新型卓越工程科技人才,支撑产业转型升级。两个公司大力支持本书主编开展虚拟仪器方面的研究,提供了资金支持和技术开发平台,受益良多,心存感恩。

为了方便教学,本书还配有电子课件等教学资源包,任课教师可以发邮件至 hustpeiit@163.com 索取。

由于时间仓促,书中难免有疏漏之处,请读者谅解。读者在学习、实践或者教学过程中有任何建议或者问题,均可通过电子邮件与我们交流。

编　者

2024 年 6 月

目录
CONTENTS

第 1 部分   LabVIEW 基础及简单运用

第 2 部分　LabVIEW 的综合运用

目
录

3

第 1 部分 　 LabVIEW 基础及简单运用

第 ❶ 章 　 LabVIEW 基础知识

本章主要讲解 LabVIEW 的基础知识,考虑到 LabVIEW 版本有向下兼容、向上不兼容的特点,本书选用 LabVIEW 2013 中文版作为蓝本,全部实例都是在该版本软件上编写、调试和运行的。本章主要从以下几个方面展开对 LabVIEW 的学习:

- LabVIEW 简介及发展历史;
- LabVIEW 2013 安装说明;
- LabVIEW 2013 的基本概念;
- LabVIEW 2013 的编程界面;
- LabVIEW 中基本 VI 的创建与编辑;
- LabVIEW 程序设计中常用的调试方法。

1.1　LabVIEW 简介及发展历史

1.1.1　LabVIEW 简介

LabVIEW 是一种程序开发的环境,是美国国家仪器有限公司(NI)研制开发的,类似于 C 和 BASIC 开发环境。LabVIEW 与其他计算机语言显著的区别是:其他计算机语言都是采用基于文本语言产生的代码,而 LabVIEW 使用的是图形化的编程语言,即 G 语言编写的程序框图。LabVIEW 程序又称为虚拟仪器,它的表现形式和功能类似于实际的仪器,但是 LabVIEW 很容易改变其设置和功能。因此,LabVIEW 特别适用于实验室、多品种小批量的生产线等需要经常改变仪器和设备参数、功能的场合,以及对信号进行分析、研究、传输等场合。

总之,LabVIEW 能够为用户提供简明、直观、易用的图形编程方式,能够将烦琐复杂的语言编程简化成为通过菜单提示选择功能,并且用线条将各种功能连接起来,与传统编程语言比较,LabVIEW 图形编程方式能够节省程序的开发时间,其运行的速度并未受到任何影响,体现出了极高的运行效率。使用虚拟仪器产品,用户可以根据实际的生产需要重新构建新的仪器系统,例如,用户可以将原有的带有 RS-232 接口的仪器、VXI 总线仪器及 GPIB 仪器通过计算机连接在一起,组成各种各样的仪器系统,由计算机进行统一管理和操作。

1.1.2　LabVIEW 发展历史

LabVIEW 的发展主要经历了以下几个重要的历史阶段。

① 1986 年 10 月 NI 正式发布 LabVIEW 1.0,随后,NI 在 1990 年和 1993 年相继发布了 LabVIEW 2.0 和 LabVIEW 3.0,此时 LabVIEW 已经成为包含几千个 VI 的大型应用软件系统,作为一个完整的软件开发环境得到认可,并迅速占领市场。

② 1996 年,NI 发布了 LabVIEW 4.0,实现了应用程序生成器(LabVIEW Application Builder)的单独执行,并向数据采集 DAQ 通道方向进行了延伸。在 1998 年发布的 LabVIEW 5.0 对以前的版本进行了全面的修改,不仅增加了版本的复杂性,还大大增强了

LabVIEW 的可靠性。

③ 2000 年 6 月，LabVIEW 6 发布，LabVIEW 6 拥有新的用户界面特征、扩展功能及各层内存优化，另外还具有一项重要功能——强大的 VI 服务器。2003 年 5 月发布的 LabVIEW 7 Express 引入了波形数据类型和一些交互性更强的基于配置的函数，使用户应用开发更简便，在很大程度上简化了测量和自动化应用任务的开发，并对 LabVIEW 使用范围进行扩充，实现了对 PDA 和 FPGA 等硬件的支持。

④ 2006 年 NI 为庆祝和纪念 LabVIEW 正式推出 20 周年，在当年 10 月发布了 LabVIEW 20 周年纪念版——LabVIEW 8.2。该版本增加了仿真框图和 MathScript 节点两大功能，提升了 LabVIEW 在设计市场的地位，同时第一次推出了简体中文版，为中国科技人员的学习和使用降低了难度。

⑤ 2009 年 NI 发布 LabVIEW 2009。LabVIEW 2009 有效融合了各种最新的技术，帮助工程师实现工程领域的超越。借助于 LabVIEW 2009 与 NI VeriStand 实时测试与仿真软件，自动化测试的范畴进一步延伸，通过构建硬件在线测试系统可以得到产品在实际环境中的响应，从而在设计过程中通过测试获取产品的不足与缺陷，通过对最新多核技术的支持，LabVIEW 2009 进一步支持虚拟化技术并简化了并行硬件架构应用开发所带来的挑战。此外，通过最新推出的单元测试架构与桌面执行追踪工具包，工程师可以用 LabVIEW 实现完整的软件工程流程，从而协助大型工程应用程序的开发。之后，NI 相继发布了 LabVIEW 2010、LabVIEW 2011、LabVIEW 2012、LabVIEW 2013 等。

1.2 LabVIEW 2013 的安装说明

下面对 LabVIEW 2013 的安装步骤进行详细说明。要成功安装 LabVIEW 2013，首先必须安装 Framework，所以先介绍如何安装 Framework。

（1）我们选择在 D 磁盘下安装 LabVIEW 2013，在 D 磁盘下新建一个文件夹，命名为 "labview2013 安装目录"，如图 1-1 所示。

图 1-1　新建安装目录文件夹

（2）打开装有"LabVIEW2013.exe"的文件夹，双击运行"LabVIEW2013.exe"，如图 1-2 所示。

图 1-2　运行 LabVIEW2013.exe

（3）运行"LabVIEW2013.exe"后弹出如图 1-3 所示的界面。

图 1-3　创建安装图标

（4）单击图 1-3 所示对话框中的"确定"按钮，弹出如图 1-4 所示的界面。

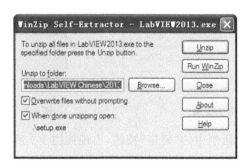

图 1-4　选择安装方式

（5）在图 1-4 所示的对话框中单击"Browse"按钮，选择安装路径。这里我们选择安装在前面建立的"labview2013 安装目录"的文件夹下，如图 1-5 所示。

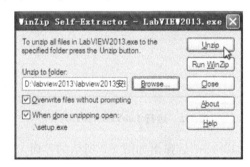

图 1-5　选择安装路径

（6）确定安装路径后，单击图 1-5 所示的"浏览文件夹"对话框中的"确定"按钮，关闭"浏览文件夹"对话框，然后单击"Unzip"按钮，如图 1-6 所示。

图 1-6　软件解压

（7）开始安装软件，出现如图 1-7 所示的对话框。

（8）该部分安装完成后，弹出如图 1-8 所示的对话框。

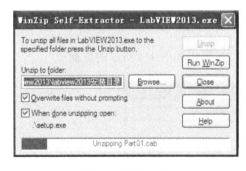

图 1-7　软件安装

图 1-8　软件部分安装完成

（9）单击图 1-8 所示对话框中的"确定"按钮，出现如图 1-9 所示的对话框。

图 1-9　安装 Microsoft. NET Framework 4. 0

（10）单击图 1-9 所示对话框中的"确定"按钮，出现如图 1-10 所示的对话框，勾选"我已阅读并接受许可条款（A）。"选项。

图 1-10　接受许可条款（1）

（11）单击图 1-10 所示对话框中的"安装"按钮，弹出如图 1-11 所示对话框，同样勾选"我已阅读并接受许可条款（A）。"选项。

图 1-11　接受许可条款（2）

（12）单击图 1-11 所示对话框中的"安装"按钮，弹出的安装进度界面如图 1-12 所示。

图 1-12　安装进度界面

（13）此时安装 LabVIEW 2013 的准备工作已经做好，Framework 4 安装完成后的对话框如图 1-13 所示。至此，Framework 安装完成，下面开始安装 LabVIEW 2013。

图 1-13 Microsoft . NET Framework 4 安装完毕

（14）单击图 1-13 所示对话框中的"完成"按钮，出现如图 1-14 所示的 LabVIEW 2013 的安装界面。

图 1-14 LabVIEW 2013 的安装界面

（15）单击图 1-14 所示对话框中的"下一步"按钮，弹出如图 1-15 所示的对话框。

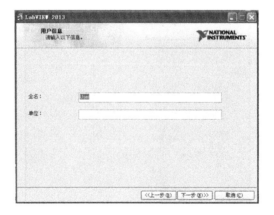

图 1-15 用户信息

(16) 单击图 1-15 所示对话框中的"下一步"按钮,弹出如图 1-16 所示的对话框。

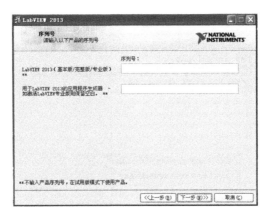

图 1-16　序列号

(17) 在图 1-16 所示对话框中输入序列号,并单击"下一步"按钮,弹出如图 1-17 所示对话框。

(18) 在图 1-17 所示的对话框中,将安装位置选择为"labview2013 安装目录",并单击"下一步"按钮。

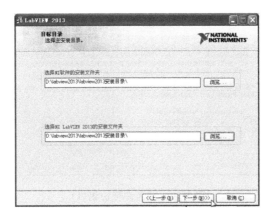

图 1-17　选择安装目标目录

(19) 在弹出的如图 1-18 所示的对话框中单击"下一步"按钮。

图 1-18　安装组件

（20）在弹出的如图 1-19 所示的对话框中，单击"下一步"按钮。

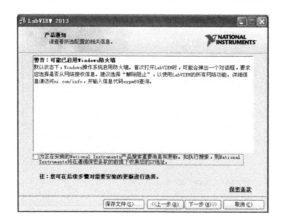

图 1-19　产品通知

（21）在弹出的如图 1-20 所示的对话框中，选中"我接受上述 2 条许可协议。"选项，单击"下一步"按钮。

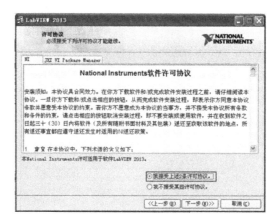

图 1-20　接受许可协议（1）

（22）在弹出的如图 1-21 所示的对话框中，选中"我接受上述 2 条许可协议。"选项，单击"下一步"按钮。

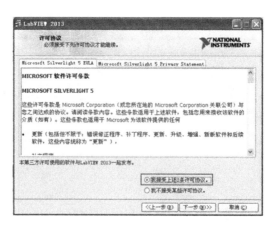

图 1-21　接受许可协议（2）

（23）在弹出的如图 1-22 所示的对话框中,单击"下一步"按钮。

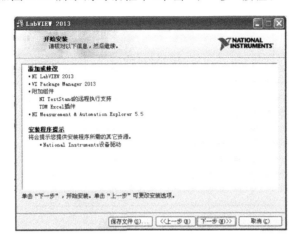

图 1-22 开始安装

（24）弹出 LabVIEW 2013 的安装总进度对话框,如图 1-23 所示。

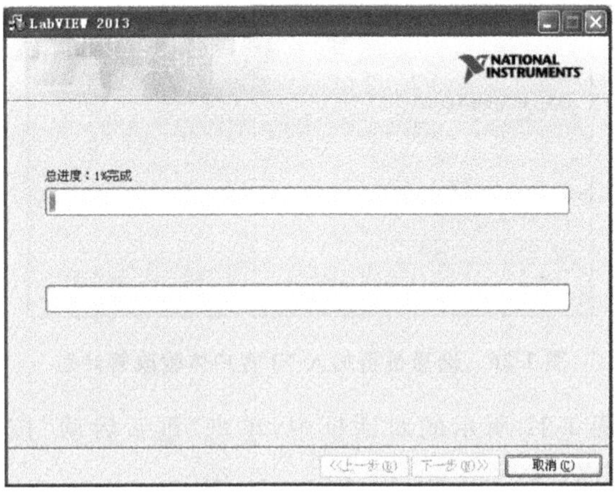

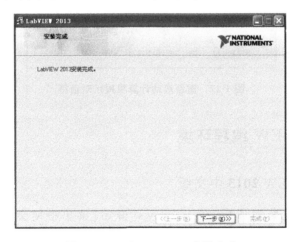

图 1-23 安装总进度

（25）安装完成后出现如图 1-24 所示对话框,单击"下一步"按钮。

图 1-24 LabVIEW 2013 安装完成

（26）在弹出的如图 1-25 所示的对话框中，单击"下一步"按钮。

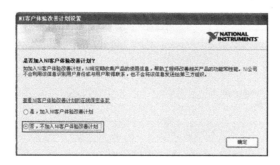

图 1-25　NI 激活向导

（27）在弹出的如图 1-26 所示的对话框中，选中"否，不加入 NI 客户体验改善计划"选项，单击"确定"按钮。

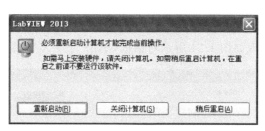

图 1-26　选择是否加入 NI 客户体验改善计划

（28）在弹出的如图 1-27 所示的对话框中，单击"重新启动"按钮，重新启动计算机。LabVIEW 2013 安装完成。

图 1-27　重新启动计算机提示对话框

 1.3 LabVIEW 编程环境

1.3.1　启动 LabVIEW 2013 中文版

LabVIEW 2013 安装完成后，在 Windows"开始"菜单中便会自动生成"LabVIEW 2013.exe"项，如图 1-28 所示，或者双击如图 1-29 所示的桌面快捷图标，启动 LabVIEW 2013 后的界面如图 1-30 所示。

图 1-28　"开始"菜单中的 LabVIEW 2013. exe　　图 1-29　LabVIEW 2013. exe 桌面快捷图标

图 1-30　LabVIEW 2013 启动界面

　　启动界面主要分为上、下两部分，分别是文件和资源。上部分的左边是"创建项目"，用户可以通过该区域来创建一个新项目，或通过该部分提供的模板来完成项目的开发。右边是"打开现有文件"，根据自己编写的程序或者其他的 VI 程序，可以通过此处有选择性地打开。下部分是 VI 资源，可以通过此处查找驱动程序和附加软件、学习 LabVIEW 的用法和升级方法等。

　　在 LabVIEW 2013 的启动界面上有文件、操作、工具及帮助菜单，用户也可以通过这些菜单项来完成相关的设置。

1.3.2　LabVIEW 2013 中文版菜单简介

　　启动 LabVIEW 2013，用户单击"新建 VI"（或按快捷键 Ctrl＋N），进入 LabVIEW 2013 编程环境后，将出现两个无标题窗口：一个是前面板窗口，如图 1-31 所示，主要用于编辑和显示前面板对象；另一个是程序框图窗口，如图 1-32 所示，主要用于编辑和显示流程图（程序代码）。两个窗口拥有相同的菜单。

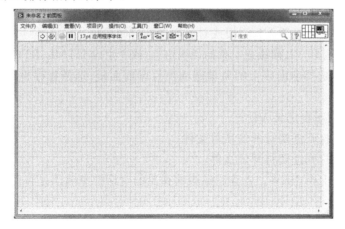

图 1-31　LabVIEW 2013 前面板窗口

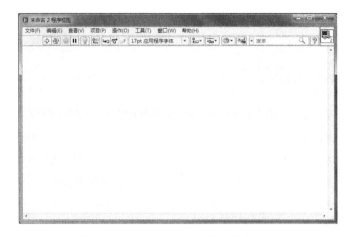

图 1-32　LabVIEW 2013 程序框图窗口

　　LabVIEW 包括"文件""编辑""查看""项目""操作""工具""窗口""帮助"八个菜单项。下面介绍八个菜单项中的子项。

1. "文件"菜单

LabVIEW 2013 的"文件"菜单包括对程序操作的命令。

- 新建 VI:用于新建一个空白的 VI 程序。
- 新建:可以用于新建空白的 VI、根据面板创建 VI 或者创建其他类型的 VI。
- 打开:用于打开一个已经存在的 VI。
- 关闭:用于关闭当前的 VI,在弹出对话框后确认是否保存改动。
- 关闭全部:关闭打开的所有 VI,在弹出对话框后确认是否保存改动。
- 保存:保存当前编辑过的 VI。
- 另存为:保存当前文件的副本,为文件重命名。
- 保存全部:保存打开的所有 VI。
- 保存为前期版本:使 VI 保存为适用于 LabVIEW 前期版本的文件。
- 还原:恢复 VI 的方法,通过编程恢复最近保存的 VI。
- 创建项目:创建一个新项目。
- 打开项目:用于打开项目文件。
- 保存项目:保存当前项目。
- 关闭项目:关闭当前项目及项目文件,在弹出对话框后确认是否保存当前项目的改动。
- 页面设置:用于设置 VI、模板或对象文件的打印选项。
- 打印:用于打印 VI、模板或对象的说明信息,或者生成 HTML、RTF 和文本说明信息。
- 打印窗口:选择前面板上的菜单选项可打印前面板;选择程序框图上的菜单选项可打印程序框图。
- VI 属性:用于自定义 VI。
- 近期项目:打开近期打开的项目文件。
- 近期文件:打开近期打开的文件。
- 退出:退出 LabVIEW。在程序结束前弹出的对话框中确认是否保存改动。

2. "编辑"菜单

"编辑"菜单主要用于查找和修改 LabVIEW 文件及其组件。

- 撤销:取消上次操作。
- 重做:取消上次的撤销操作。
- 剪切:删除所选对象,并将其复制到剪贴板。
- 复制:复制所选对象并将其复制到剪贴板。
- 粘贴:将剪贴板中的内容置于活动窗口。
- 从项目中删除:删除所选项,且不保存到剪贴板。
- 选择全部:选择前面板或程序框图中的所有对象。
- 当前值设置为默认值:将控件和常量的当前值设置为默认值。
- 重新初始化为默认值:将控件和常量重新设置为其默认值。
- 自定义控件:修改当前的前面板控件对象并以".ctl"为扩展名保存。
- 导入图片至剪贴板:导入图片至剪贴板以供 VI 使用。
- 设置 Tab 键顺序:设置前面板对象的顺序。
- 删除断线:删除当前 VI 中的所有断线。
- 整理程序框图:重新整理程序框图上的对象和连线,获得更清晰的布局。
- 从层次结构中删除断点:删除所有 VI 层次结构中的断点,该选项仅对 VI 的编辑菜单有效。
- 从所选项创建 VI 片段:用于指定保存程序框图代码片段的目录,选择菜单项前应选择保存的代码片段。
- 创建子 VI:从所选对象创建新的子 VI。
- 禁用前面板/程序框图网格对齐:禁用前面板和程序框图网格对齐的功能,禁用网格对齐功能后,该选项变为"启用前面板/程序框图网格对齐"。
- 对齐所选项:对齐前面板上的选中对象。
- 分布所选项:均匀分布前面板上的选中对象。
- VI 修订历史:显示修订历史的记录窗口,用于查看当前 VI 的历史记录和文档修订记录。
- 运行时菜单:创建、编辑运行时菜单文件并将其应用于 VI。
- 查找和替换:查找和替换 VI、对象或文本。
- 显示搜索结果:LabVIEW 搜索所有所需的对象或文本并将其显示在搜索结果窗口中,可用于替换其他对象或文本。

3. "查看"菜单

"查看"菜单主要包含用于显示 LabVIEW 开发环境窗口的选项,还可以显示面板及与项目相关的工具栏。

- 控件面板:显示控件面板。
- 函数面板:显示函数面板。
- 工具面板:显示工具面板。
- 快捷放置:显示快速放置的对话框。
- 断点管理器:启用、禁用或清理 VI 层次结构中的断点。
- 探针监视窗口:查看流经探针连线的数据。
- 事件检查器窗口:显示事件检查器窗口。
- 错误列表:显示错误列表窗口,包含当前 VI 的错误信息。
- 加载并保存警告列表:显示加载并保存警告列表对话框。
- VI 层次结构:用于查看内存中 VI 的子 VI 和其他节点,并搜索 VI 的层次结构。

- LabVIEW 类层次结构:查看内存中 LabVIEW 类的层次结构并搜索 LabVIEW 类的层次结构。
  - 浏览关系:查看当前 VI 及其层次结构。
  - 书签管理器:显示书签管理器对话框。
  - 项目中的本 VI:显示项目浏览器窗口。
  - 类浏览器:用于选择可用的对象库并查看该库中的类、属性和方法。
  - ActiveX 控件浏览器:显示 ActiveX 属性浏览器,用于查看和设置与 ActiveX 容器中的 ActiveX 控件或文档相关的所有属性。
  - 启动窗口:显示启动窗口。
  - 导航窗口:显示导航窗口。
  - 工具栏:用于显示或隐藏标准、项目、生成和源代码控制工具栏。

4. "项目"菜单

"项目"菜单用于执行基本的文件操作。只有在加载项目后,项目菜单项才可用。

- 创建项目:创建一个项目。
- 打开项目:用于打开项目文件。
- 保存项目:保存当前项目。
- 关闭项目:关闭当前项目及其项目文件。
- 添加至项目:提供可添加至项目的选项。
- 筛选视图:显示或隐藏项目浏览器中的依赖关系和程序生成规范。
- 显示项路径:显示项目浏览器中的路径栏。
- 文件信息:显示项目文件信息对话框。
- 解决冲突:当项目中存在冲突时 LabVIEW 启用该选项。
- 属性:显示项目属性对话框。

5. "操作"菜单

"操作"菜单包括控制 VI 操作的各类选项,也可用于调试 VI。

- 运行:运行 VI。也可单击工具栏上的"运行"按钮实现同样的功能。
- 停止:在执行结束前停止 VI 的运行。该操作会使系统处于不稳定状态,应避免使用停止选项直接退出 VI。
- 单步步入:打开节点,然后暂停,再次选择单步步入,将执行第一个操作,然后在子 VI 或结构的下一个动作前暂停。
- 单步步过:执行节点并在下一个节点前暂停。
- 单步步出:结束当前节点的操作并暂停。
- 调用时挂起:当 VI 作为子 VI 调用时挂起。
- 结束时打印:在 VI 运行后打印前面板,也可使用结束后打印属性,通过编程方式打印前面板。
- 结束时记录:当 VI 结束操作时进行数据记录,也可使用结束后记录属性,通过编程记录数据。
- 数据记录:打开数据记录功能。
- 切换至运行模式:切换 VI 至运行模式,使 VI 运行或处于预留运行状态。
- 连接远程前面板:连接并控制运行于远程计算机上的前面板。

- 调试应用程序或共享库：显示调试应用程序或共享库对话框，调试独立应用程序或共享库。

6. "工具"菜单

"工具"菜单用于配置 LabVIEW、项目或 VI。

- Measurement &Automation Explore：用于配置连接在系统上的仪器或数据采集硬件，只有在安装 Measurement &Automation Explore 后，Measurement &Automation Explore 选项才可用。
- 仪器：包含用于查找或创建仪器驱动程序的工具。
- 比较：包含比较函数。
- 合并：访问合并函数。
- 性能分析：包含性能分析函数。
- 安全：用于安全保护功能。
- 用户名：显示用户登录对话框，用于设置或更改 LabVIEW 用户名。
- 通过 VI 生成应用程序：显示通过 VI 生成应用程序的对话框。
- 转换程序生成脚本：显示转换程序生成脚本对话框，用于将程序生成脚本文件的设置由前期 LabVIEW 版本转换为新项目中的程序生成规范。
- 源代码控制：包含源代码控制操作。
- LLB 管理器：显示 LLB 管理器窗口，用于复制、更名、删除 VI 库中的文件。LLB 管理器窗口中所做的改动不能被撤销。
- 导入：包含用于管理.NET 和 ActiveX 对象、共享库和 Web 服务的功能。
- 共享变量：包含共享变量函数。
- 分布式系统管理器：用于在项目环境之外编辑、创建和监控共享变量。
- 在磁盘上查找 VI：显示磁盘上查找 VI 窗口，用于在目录中根据文件名查找 VI。
- NI 范例管理器：显示 NI 范例管理器对话框，配置在 NI 范例查找器中显示的 VI 范例。
- 远程前面板连接管理器：管理所有通向服务器的客户流量。
- Web 发布工具：显示 Web 发布工具对话框，用于创建 HTML 文件并嵌入 VI 前面板图像。
- 操作者框架消息制作器：显示操作者框架消息制作器对话框。
- 查找 LabVIEW 附加软件：用于查找 LabVIEW 的附加软件。
- 高级：包含 LabVIEW 高级功能。
- 选项：显示选项对话框，以便自定义 LabVIEW 环境及 LabVIEW 应用程序的外观和操作。

7. "窗口"菜单

"窗口"菜单用于设置当前窗口的外观。窗口菜单最多可以显示 10 个打开的窗口，单击窗口即可使窗口处于活动状态。

- 显示前面板/程序框图：显示当前 VI 的前面板或程序框图。
- 显示项目：显示项目浏览器窗口，其中的项目包含当前的 VI。
- 左右两栏显示：分左、右两栏显示打开的窗口。
- 上下两栏显示：分上、下两栏显示打开的窗口。
- 最大化窗口：最大化地显示当前窗口。

- 全部窗口：显示全部窗口对话框，用于管理所有打开的窗口。

8．"帮助"菜单

"帮助"菜单包括对 LabVIEW 功能和组件的介绍，全部的 LabVIEW 文档及 NI 技术支持网站的链接。

- 显示即时帮助：显示即时帮助窗口。
- 锁定即时帮助：锁定或解除锁定即时帮助窗口的显示内容。
- LabVIEW 帮助：显示 LabVIEW 帮助，LabVIEW 帮助还提供使用 LabVIEW 功能的分步指导信息。
- 解释错误：提供关于 VI 错误的完整参考信息。
- 本 VI 帮助：直接查看 LabVIEW 帮助中关于 VI 的完整参考信息。
- 查找范例：查找范例 VI，用户可根据需要修改范例。
- 查找仪器驱动：显示 NI 仪器驱动查找器，查找和安装 LabVIEW 即插即用仪器驱动。
- 网络资源：直接连接至 NI 技术支持网站、知识库、NI 开发者园地及其他 NI 在线信息。
- 激活 LabVIEW 组件：显示 NI 激活向导，用于激活 LabVIEW 许可证。
- 激活附加软件：激活 LabVIEW 中的附加软件。
- 专利信息：显示 LabVIEW 当前版本的专利权信息。
- 关于 LabVIEW：显示 LabVIEW 当前版本的概况信息。

需要说明的是，以上菜单中有些菜单还有二级菜单选项，本书未对二级菜单做详细介绍，读者可以查阅相关手册。

1.3.3 LabVIEW 2013 中文版工具栏

前面板窗口和程序框图窗口都有各自的工具栏。下面分别对前面板窗口和程序框图窗口的工具栏进行介绍。

1．前面板窗口的工具栏

图 1-33 所示为前面板窗口的工具栏。

图 1-33　前面板窗口的工具栏

下面通过表 1-1 介绍前面板窗口的工具栏中各按钮的作用。

表 1-1　前面板窗口的工具栏

图　标	名　称	功　能
⇨	运行按钮	单击该按钮可以运行 VI 程序，按钮不同的形状表示 VI 的运行属性（正常、警告）
 ⊛	连续运行按钮	单击该按钮，VI 程序连续重复运行，再次单击该按钮停止程序连续运行
 ◉	停止运行按钮	单击该按钮立即停止程序的执行（该按钮是强制停止，可能会错过部分有用的信息）

图 标	名 称	功 能
‖	暂停/继续按钮	单击该按钮暂停 VI 程序的执行,再次单击该按钮,VI 程序继续执行
 17pt 应用程序字体 ▼	字体设置按钮	单击该按钮,出现下拉列表,可以从中选择字体的格式(大小、形状、颜色等)
	排列方式按钮	选定需要对齐的对象,单击该按钮,出现下拉列表,从中可以为选定对象选择对齐方式(竖直对齐、上边对齐、左边对齐等)
	分布方式按钮	选定需要排列的对象,单击该按钮,出现下拉列表,从中可以为选定对象选择排列方式(间距、紧缩等)
	设置大小按钮	选定需要设置大小的对象,单击该按钮,出现下拉列表,从中可以为选定对象选择大小(最大宽度、最小宽度、高度等)
	重叠方式按钮	当几个对象重叠时,可以重新排列每个对象的叠放次序(前移、后移等)

2. 程序框图窗口的工具栏

图 1-34 所示为程序框图窗口的工具栏。

图 1-34 程序框图窗口的工具栏

程序框图窗口的工具栏与前面板窗口的工具栏的内容大部分相同,只是多了四个调试按钮和一个保存连线值按钮,下面通过表 1-2 介绍程序框图窗口工具栏中这五个按钮的功能。

表 1-2 程序框图窗口工具栏中的五个按钮

图 标	名 称	功 能
	高亮显示执行过程按钮	单击该按钮,VI 程序一步一步地执行,所执行的节点都高亮显示,并显示 VI 运行时的数据流动,方便用户查找错误。再次单击该按钮,退出高亮显示,恢复到正常的执行方式
	开始单步步入执行按钮	单击该按钮,程序以单步方式运行,如果节点为一个子程序或者结构,则进入子程序或结构内部执行单步运行方式
	开始单步步过执行按钮	单击该按钮,程序以一个节点为执行单位,即单击一次按钮执行一个节点,不会进入节点内部执行。闪烁的节点表示该节点等待被执行
	单步步出按钮	当在一个节点内部执行单步运行方式时,单击该按钮可一次执行完该节点,并直接跳出该节点转到下一个节点
	保存连线值	单击该按钮,LabVIEW 将保存运行过程中的每个数据值,将探针放在连线上,可获得流经连线的最新数据值

1.3.4 LabVIEW 面板

LabVIEW 程序的创建主要依靠以下三个面板来完成。

① 工具面板:用于创建、修改和调试程序的基本工具。

② 控件面板:涵盖各种输入量和输出量,主要用于创建前面板的对象,完成前面板的界面。

③ 函数面板:包含程序编写过程中用到的函数和 VI 程序,主要用于构建程序框图中的对象。

一般启动 LabVIEW 后,这三个面板会出现在屏幕上。由于控件面板只对前面板有效,所以控件面板只有在激活前面板的情况下才会显示,同理,函数面板只对程序框图有效,只有激活程序框图时,函数面板才会显示。如果面板没有显示出来,则可以通过执行"查看"→"工具面板"命令来显示工具面板,通过执行"查看"→"控件面板"命令来显示控件面板,通过执行"查看"→"函数面板"命令来显示函数面板。

下面分别对这三个面板的功能进行简单的介绍。

1. 工具面板

图 1-35 所示为工具面板。工具面板中包含用于创建、修改、调试程序的基本工具按钮。工具面板中各按钮的功能如表 1-3 所示。

图 1-35 工具面板

表 1-3 工具面板中各工具功能简介

图 标	名 称	功 能
	自动选择按钮	当自动选择按钮处于选用状态时,鼠标经过前、后面板上的对象时,系统会自动选择工具面板中相应的工具,方便用户操作。当用户选择手动选择时,需要手动选择工具面板中相应的工具
	操作值	改变控件的值,操纵前面板中的控制量和指示器。当用它指向数值或者字符量时,它会自动变成标签工具
	定位/调整大小/选择	用于选取对象,改变对象的位置和大小
	编辑文本	用于输入标签文本或创建标签
	连线工具	用于在程序框图中连接两个对象的数据端口,当连线工具接近对象时,会显示出其数据端口以供连线使用
	对象快捷菜单	该按钮处于选用状态时单击某对象,会弹出该对象的快捷菜单
	滚动窗口	单击该按钮,无须滚动条就可以自由滚动整个图形
	设置/清除断点	在程序调试过程中设置断点
	探针	在代码中加入探针,用于调试程序过程中监视数据的变化
	获取颜色	从当前窗口中提取颜色
	设置颜色	用于设置窗口对象的前景色和背景色

2．控件面板——前面板设计工具

控件面板涵盖各种输入量和输出量，主要用于创建前面板的对象，完成前面板的界面，图 1-36 所示为控件面板，表 1-4 所示为控件面板中子面板的功能简介。

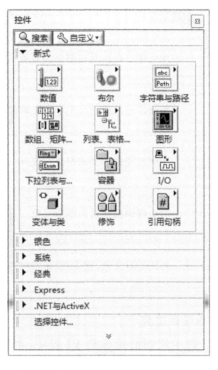

图 1-36　LabVIEW 2013 控件面板

表 1-4　LabVIEW 2013 控件面板中子面板的功能简介

图　　标	名　　称	功　　能
数值	数值量	用于设计具有数值数据类型属性的控件和显示量，如旋钮、滑杆等
布尔	布尔量	用于设计具有布尔数据类型属性的控制量和显示量，如按钮、开关等
字符串与路径	字符串与路径	用于创建文本输入框和标签、输入和返回文件
数组、矩阵...	数组、矩阵和簇	用于创建数组、矩阵和簇的输入及显示控件
列表、表格...	列表、表格	创建各种列表、表格和树的控制及显示
图形	图形	创建显示数据结果的趋势图和曲线图

续表

图 标	名 称	功 能
下拉列表与...	下拉列表与枚举	下拉列表控件是将数值与字符串或图片建立关联的数值对象。枚举控件用于向用户提供一个可供选择的项列表
容器	容器	用于作为存放其他对象的容器,如 Tab 容器、ActiveX 容器等
I/O	I/O	与硬件有关的 VISA、IVI 数据源和 DAQ 数据通道名等
变体与类	变体与类	用来与变体和类数据进行交互
修饰	修饰	用于修饰前面板的图形对象
引用句柄	引用句柄	可用于对文件、目录、设备和网络进行连接操作

3. 函数面板——程序框图设计工具

函数面板包含程序编写过程中用到的函数和 VI 程序,主要用于构建程序框图中的对象。图 1-37 所示为函数面板,表 1-5 所示为函数面板中子面板的功能简介。

图 1-37 LabVIEW 2013 函数面板

表 1-5　LabVIEW 2013 函数面板中子面板的功能简介

图　标	名　称	功　能
结构	结构子面板	用于设计程序的顺序、分支和循环等结构
数组	数组子面板	用于创建数组和对数组进行操作,如计算数组的大小、向数组中插入元素等
簇、类与变体	簇、类与变体子面板	用于创建簇和对簇进行操作,如捆绑、解除捆绑、簇至数组转换等
数值	数值子面板	包括算术运算、数值类型转换函数、三角函数、数值常量等
布尔	布尔子面板	用于进行布尔型数据的运算,包括逻辑运算、布尔常量、布尔与数值的转换等
字符串	字符串子面板	包括对字符串操作的各种函数,字符串与数值、数组和路径转换函数等
比较	比较子面板	用于比较布尔型、数值型、字符串型、簇和数组型数据,包括各种运算符、选择函数强制范围转换函数等
定时	定时子面板	用于控制程序执行速度,包括计时、时间控制、提取系统时间函数等
对话框与用...	对话框与用户界面子面板	用于创建提示用户操作的对话框
文件I/O	文件 I/O 子面板	用于创建、打开、读取及写入等对文件的操作函数,对路径进行操作的各种函数
波形	波形子面板	用于进行和波形有关的操作
应用程序控制	应用程序控制子面板	用于通过编程控制位于本地计算机或网络上的 VI 和 LabVIEW 应用程序
同步	同步子面板	用于同步并行执行的任务并在并行任务间传递数据
图形与声音	图形与声音子面板	用于创建自定义的显示,从图片文件导入/导出数据及播放声音
报表生成	报表生成子面板	用于 LabVIEW 应用程序中报表的创建及相关操作,也可使用该面板中的 VI 在书签位置插入文本、标签和图形

1.4 LabVIEW 的基本概念

通过前面几节的内容,对 LabVIEW 有了初步的了解,知道 LabVIEW 程序的设计需要通过三大面板来完成,并且知道了各个面板中各按钮或者各子面板的功能。LabVIEW 是一种功能完整的程序设计语言,具有区别于其他程序设计语言的一些独特的结构和语法规则。能够较好地运用 LabVIEW 编程的关键在于掌握 LabVIEW 的基本概念和利用图形化编程语言的思想,所以,在利用 LabVIEW 进行正式编程前,需要对 LabVIEW 中的基本概念、术语和结构进行相应的介绍。

1.4.1 前面板

前面板是图形化的用户界面,用于设置输入数值和观察输出量,是人机交互的窗口。

在前面板的设计中,用户可以通过使用各种图标(开关、按钮、波形图、趋势图等)来模拟真实的仪器面板,如图 1-38 所示,利用随机数来模拟温度值变化并显示在波形图表上,所以在前面板中输入量称为控制,输出量称为指示。

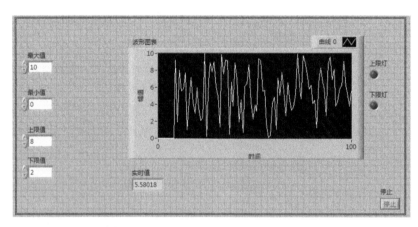

图 1-38　利用随机数模拟温度值变化显示在波形图表上的前面板

前面板的对象按照功能可以分为控制、指示和修饰三种。

① 控制:用户设置和修改 VI 程序中输入量的接口。

② 指示:用于显示 VI 程序中产生或输出的数据。

③ 修饰:作用仅仅是让前面板看起来更加美观,不能作为 VI 的输入和输出来使用,在控制面板中有一个专门的子面板是用来修饰前面板的,当然用户也可以通过导入图片来修饰画面。

值得一提的是,任何一个前面板对象都有控制和指示两种属性,若添加的控件为输入控件,可以通过选中该控件,右击,执行"转换为显示控件"命令,同理,也可以将显示控件转换为输入控件。

1.4.2 程序框图

每一个前面板都会有一个程序框图与之对应。程序框图顾名思义就是利用图形化的语言来编写程序,与传统的文本编程语言相比,图形化的编程语言相当于文本编程语言中的源代码。程序框图由节点、端口和连线三部分组成。

1. 节点

节点是 VI 程序中的执行元素,类似于文本编程语言程序中的语句、函数或者子程序。节点与节点之间是通过数据连线按照一定的逻辑关系连接起来的,以此来定义程序框图内数据流的方向。图 1-39 所示为利用随机数模拟温度值显示在波形图表上的程序框图。表 1-6 所示为 LabVIEW 的四种类型的节点。

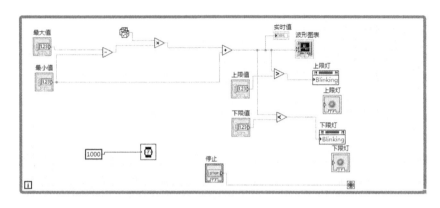

图 1-39 利用随机数模拟温度值显示在波形图表上的程序框图

表 1-6 LabVIEW 的四种类型的节点

节 点 类 型	节 点 功 能
功能函数	LabVIEW 内置节点,提供基本的数据与对象操作
结构	用于控制程序执行方式的节点,包括顺序结构、条件结构、循环结构等
代码接口节点	通过代码接口节点,用户可以直接调用 C 语言编写的源程序
子 VI	相当于传统编程语言中子程序的调用

一般情况下,LabVIEW 中的每个节点都至少有一个端口,用于向其他图标传递数据。

2. 端口

节点与节点之间、节点与前面板对象之间通过数据端口和数据连线传递数据。

端口是数据在程序框图部分和前面板之间传输的通道接口,以及数据在程序框图的节点之间传输的接口,端口类似于文本程序中的参数和常数。

3. 连线

连线是端口间的数据通道,类似于文本程序中的赋值语句。数据是单向流动的,从源端口向一个或多个目的端口流动。不同的线型代表不同的数据类型,每种数据类型还通过不同的颜色予以强调。当需要连接两个端点时,在第一个端点上单击连线工具,然后移动到另一个端点上,单击第二个端点。端点的先后次序不影响数据流动的方向。

1.4.3 VI 与子 VI

由前面的章节知道,一个基本的 VI 是由前面板和程序框图两部分组成的。VI 程序的运行采用的是数据流驱动,具有顺序、条件、循环等多种程序结构控制。与传统的编程语言一样,VI 中也有子程序的概念,在 LabVIEW 中子程序称为子 VI。在编程中使用子 VI 有以下好处。

(1)将一些代码封装成为一个子 VI(即一个图标或节点),可以使程序结构变得更加清晰明了。

(2)编写大型的 VI 程序时,将整个程序划分为若干个模块,每个模块用一个或多个子 VI 实现,易于程序的编写和修改。

(3)将一些常用的功能编制成为一个子 VI,在需要时可以直接调用,不需要重新编写,因而子 VI 有利于代码复用。

在 LabVIEW 环境中,子 VI 是以图标(节点)的形式出现的,在使用子 VI 时,需要定义其数据输入和输出的端口,然后就可以将其当作一个普通的 VI 来使用。

1.5 LabVIEW 中基本 VI 的创建与编辑

在前面的几节内容中我们已经介绍过了 LabVIEW 2013 的编程环境,包括编程的界面、菜单栏、工具栏及三大面板。在开始正式学习图形化的编程语言前,本节先通过一个简单的实例来说明在 LabVIEW 2013 版本下最基本的 VI 的创建和编辑。

【实例】 创建一个 VI,计算输入的两个数的和,并显示结果。

(1)创建一个新 VI。

启动 LabVIEW 2013,按照如图 1-40 所示进行操作以新建一个空白的 VI,或者使用快捷键 Ctrl+N 创建一个空白的 VI。

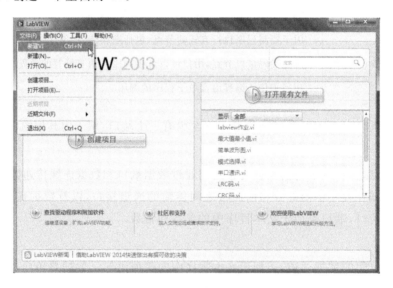

图 1-40 创建空白 VI

(2)创建 VI 前面板。

本例中需要计算的是两个输入数的和,因此需要在前面板放置两个数值输入控件(用于输入两个数的值)和一个数值显示控件(用来显示结果)。具体步骤如下。

① 进入前面板编辑区,如图 1-41 所示。

图 1-41　前面板编辑区

② 依次选择"控件"→"新式"→"数值"→"数值输入控件",在前面板放置两个数值输入控件。数值输入控件的位置如图 1-42 所示。

③ 依次选择"控件"→"新式"→"数值"→"数值显示控件",添加一个数值显示控件。数值显示控件的位置如图 1-43 所示。

图 1-42　数值输入控件的位置　　　　图 1-43　数值显示控件的位置

④ 至此,前面板设计完成,如图 1-44 所示。

(3) 创建 VI 的程序框图。

① 在前面板添加的两个数值输入控件和一个数值显示控件,在程序框图中有与之对应的端口图标,如图 1-45 所示。

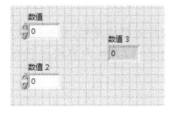

图 1-44　设计完成的前面板　　图 1-45　与前面板对应的程序框图图标

② 在程序框图设计中依次选择"函数"→"编程"→"数值"→"加",添加一个加函数。加的位置如图 1-46 所示。

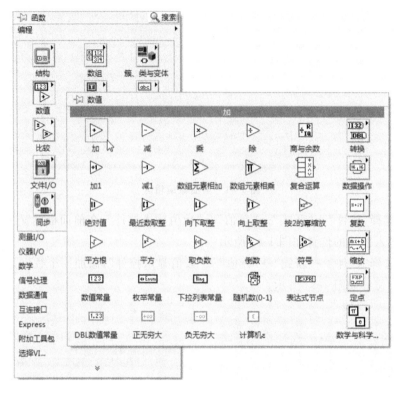

图 1-46　加的位置

③ 利用连线工具,将程序框图部分完成,如图 1-47 所示。

(4) 运行 VI 程序。

单击"连续运行"按钮,在数值输入控件中输入数值,可以在数值显示控件中看到两个数相加后的和,如图 1-48 所示。

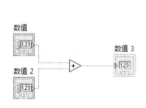

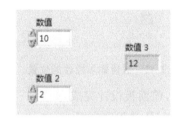

图 1-47　两个数的和的程序框图设计　　　　图 1-48　运行 VI 程序

(5) 保存正确无误的 VI 程序。执行"文件"→"保存"命令,或者使用快捷键 Ctrl+S 保存程序。

当然 VI 程序设计中不仅仅只有这几步,还包括控件的整体排列、面板的修饰、程序的调试等内容,这里只是简单地介绍了一个简单的 VI 设计步骤,其他内容将在后面的章节中一一介绍。

习　　题

1. 简述 LabVIEW 的发展历程。
2. LabVIEW 程序设计主要是依靠哪三大面板来完成的，它们各自的功能是什么?
3. 一个完整的 VI 程序是由哪几部分构成的?
4. 前面板上的控件有哪几种功能? 前面板上的控件有哪几种属性?
5. 程序框图是由哪几部分构成的? 各组成部分之间的关系是什么?
6. 程序框图中使用子 VI 有哪些好处?

第②章　数　据　操　作

通过第 1 章的学习，大家已经对 LabVIEW 有了一定的了解，从本章开始将对 LabVIEW 中的控件面板和函数面板中常用的子面板进行详细介绍，为掌握 LabVIEW 的图形化的编程方法打下坚实的基础。

本章将介绍 LabVIEW 中常用的数据类型及与之相关的数据运算，主要从下面三个方面进行介绍：

- 常用的数据类型；
- 常用的数据运算；
- 典型实例——基于 LabVIEW 流水灯的设计。

2.1　常用的数据类型

众所周知，数据结构是程序设计的基础，不同的数据类型在 LabVIEW 中的存储方式是不一样的。在程序设计中选择合适的数据类型能够减少内存的占用比例，同时提高程序运行的效率。LabVIEW 是以不同的端口图标和颜色来区分不同的数据类型的。所有的输入控件端口图标的都是粗实线，端口右侧有一个向右的箭头，作为数据的输出；显示控件端口图标的边框为细实线，端口左侧有一个向右的箭头，作为数据的接收。

本节将介绍常用的数据类型，包括数值型、布尔型、字符串型。

2.1.1　数值型

数值型是 LabVIEW 中一种基本的数据类型，LabVIEW 以浮点数、定点数、整型数、不带符号的整型数及复数来表示数值的数据类型。不同的数据类型之间的区别在于存储时使用的位数和表示的范围不同。右击放置在前面板上的数值型控件，弹出快捷菜单，执行"表示法"命令，可以修改数据类型，如图 2-1 所示，数值型中的各种数据类型在表 2-1 中做了介绍。

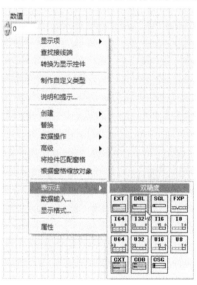

图 2-1　快捷菜单

表 2-1　数值型数据类型表

数 据 类 型	图　标	标　记	简 要 说 明
扩展精度浮点型	EXT	EXT	内存存储格式 80 位
双精度浮点型	DBL	DBL	内存存储格式 64 位
单精度浮点型	SGL	SGL	内存存储格式 32 位
定点型	FXP	FXP	因用户配置而异
64 位整型	I64	I64	$-1e19$ 至 $1e19$
有符号长整型	I32	I32	$-2\,147\,483\,648 \sim 2\,147\,483\,647$
双字节整型	I16	I16	$-32\,768 \sim 32\,767$
单字节整型	I8	I8	$-128 \sim 127$
无符号 64 位整型	U64	U64	0 至 $2e19$
无符号长整型	U32	U32	$0 \sim 4\,294\,967\,259$
无符号双字节整型	U16	U16	$0 \sim 65\,535$
无符号单字节整型	U8	U8	$0 \sim 255$
扩展精度浮点复数	CXT	CXT	实部和虚部内存存储格式均为 80 位
双精度浮点复数	CDB	CDB	实部和虚部内存存储格式均为 64 位
单精度浮点复数	CSG	CSG	实部和虚部内存存储格式均为 32 位

　　数值类型的前面板对象包含在控件面板的子面板中,如图 2-2 所示。LabVIEW 中数值子面板中的对象相当于传统编程语言中的变量,数据通常分为变量和常量,而数值常量不出现在前面板中,它只出现在程序框图中,而且一旦程序运行,常量的值是不允许改变的,数值常量的位置如图 2-3 所示。

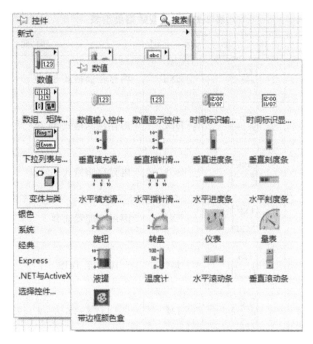

图 2-2　前面板的数值子面板

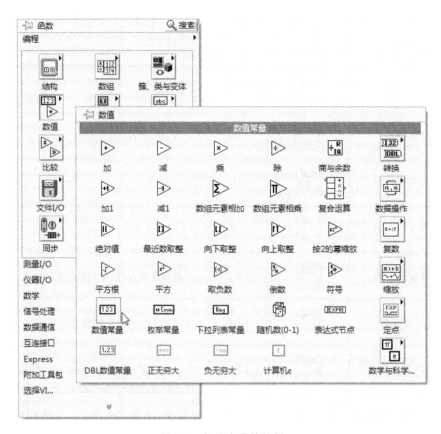

图 2-3　数值常量的位置

　　前面板的数值子面板中有很多不同形式的输入控件和显示控件,例如刻度条、滚动条、温度计等,不同的外观形式给用户设计逼真的前面板带来了方便。虽然它们有着不同的外观形式,但是它们的本质是相同的,所以只需要了解其中一个数值型前面板对象即可。数值型前面板对象的数据类型是可以改变的,前面已经介绍过,这里不再重复。

　　LabVIEW 中数值型控件有很多不同的属性,前面提到过,虽然每个数值型控件的外观形式不同,但它们的本质是相同的,它们有着许多共同的属性,这里只对它们共同的属性进行简单的介绍。右击选中数值型控件,弹出如图 2-4 所示的快捷菜单,执行"显示项"命令,可以设置"标签""标题"等是否显示在控件上。数值控件的其他属性可以通过属性对话框进行设置。右击选中数值型控件,弹出快捷菜单,执行"属性"命令,即弹出该控件的属性对话框,如图 2-5 所示,包括"外观""数据类型""数据输入""显示格式""说明信息""数据绑定""快捷键"选项卡。

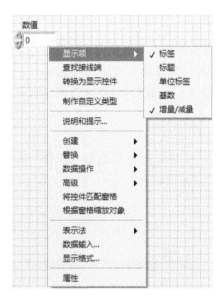

图 2-4　快捷菜单

图 2-5　数值型控件的属性对话框

"外观"选项卡:用于设置与数值型控件外观有关的属性,可以设置数值型控件的"标签""标题"是否可见,设置控件的激活状态等。

"数据类型"选项卡:用于设置数值型控件的数据范围。

"显示格式"选项卡:用于设置控件的数据显示格式及精度。

"快捷键"选项卡:用户可以通过该选项卡使系统与键盘关联起来以设置快捷键。

在设置数值型控件的精度时应注意使用合适的精度。随着精度的提高和数据类型所表示范围的扩大,消耗的系统资源也随之增加,因此,在进行程序设计时,为了提高运行效率,在满足使用要求的前提下,尽量使用精度低或者数据范围相对较小的数据类型。当然,在某些情况下,变量的取值范围是不能确定的,此时应该选择较大的数据类型以保证程序能够正常运行。

下面我们通过一个简单的实例来说明数值型控件的使用。

【实例 2.1】 利用 LabVIEW 实现数值的输入与显示。

(1) 任务要求:在前面板输入一个数值,并将该数值显示出来。

(2) 任务实现步骤如下。

① 设计前面板。

依次选择"控件"→"新式"→"数值"→"数值输入控件",添加一个数值输入控件。其位置如图 2-6 所示,并将标签改为"数值输入"。

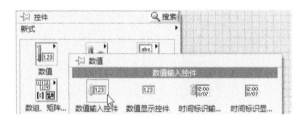

图 2-6 数值输入控件的位置

依次选择"控件"→"新式"→"数值"→"数值显示控件",添加一个数值显示控件。其位置如图 2-7 所示,并将标签改为"数值显示"。

设计的前面板如图 2-8 所示。

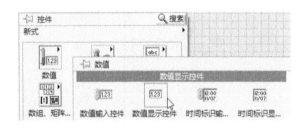

图 2-7 数值显示控件的位置   **图 2-8 数值输入与数值显示的前面板**

② 设计程序框图。

由前面板切换到程序框图部分进行程序框图的设计,执行"窗口"→"显示框图程序"命令,进行切换,或者使用快捷键 Ctrl+E 切换。

将"数值输入"的输出端口与"数值显示"的输入端口相连,如图 2-9 所示。

当设计比较大型的程序且控件对象比较多时,我们需要将程序框图中的对象不显示为图标,以减少占用空间,右击选中控件对象,弹出快捷菜单,如图 2-10 所示,取消选择"显示为图标"。

（3）运行程序。

单击"连续运行"按钮,在前面板单击数值输入框的上下箭头得到数值,或者直接输入数值,如 5.0,并显示该值。运行界面如图 2-11 所示。

图 2-9 数值输入与数值显示程序框图设计　　图 2-10 快捷菜单　　图 2-11 运行界面(实例 2.1)

2.1.2 布尔型

布尔型的数据比较简单,是一种逻辑型的数据,它的值只有真(True 或 1)和假(False 或 0)两种情况。布尔型控件用于布尔型数据的输入和显示,作为输入控件,布尔型控件主要表现为开关、按钮等,用来控制程序的运行或切换程序的运行状态;作为显示控件,主要表现为指示灯等,用来显示布尔量状态和程序的运行状态。在 LabVIEW 中,布尔型前面板对象在控件面板的子面板中,如图 2-12 所示。

从图 2-12 中可以看到,布尔子面板中有各种不同的布尔型前面板对象,不同形状的按钮、开关、指示灯等,这些都是从实际仪器的开关、按钮、指示灯演化而来的,十分形象、逼真,采用这些按钮可以设计出逼真的虚拟仪器前面

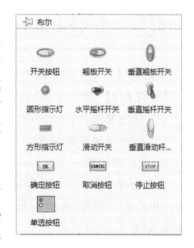

图 2-12 前面板的布尔子面板

板。这些布尔型控件与数值型控件类似,外观不同,但本质是一样的,都只有 0 和 1 两个值。

与数值型控件类似,布尔型控件相当于传统编程语言中的布尔变量,在 LabVIEW 中,布尔常量位于程序框图中,其位置如图 2-13 所示。

与传统编程语言中的逻辑量不同的是,这些布尔型前面板对象有一个独特的属性就是它的机械动作属性。这是模拟实际开关触点开/关特性的一种专门开关控制特性。在布尔输入控件的快捷菜单里,选择"机械动作",弹出所有的机械动作,如图 2-14 所示。表 2-2 给

出了布尔输入控件所有机械动作的说明。

图 2-13　布尔常量节点

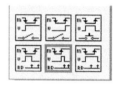

图 2-14　布尔控件的机械动作

表 2-2　布尔输入控件所有机械动作说明

机械动作图标	机械动作名称	动作说明
	单击时转换	按下按钮时改变状态,到下次按下按钮前保持该状态
	释放时转换	释放按钮时改变状态,到下次释放按钮前保持该状态
	保持转换直到释放	按下按钮时改变状态,释放按钮时返回原状态
	单击时触发	按下按钮时改变状态,LabVIEW 读取控件值后返回原状态
	释放时触发	释放按钮时改变状态,LabVIEW 读取控件值后返回原状态
	保持触发直到释放	按下按钮时改变状态,释放按钮且 LabVIEW 读取控件值后返回原状态

下面通过一个实例来说明布尔型控件的使用。

【实例 2.2】　利用 LabVIEW 模拟开关控制布尔灯的亮灭。

（1）任务要求：利用 LabVIEW 中布尔开关控制布尔灯的亮灭。

（2）任务实现步骤如下。

① 设计前面板。

依次选择"控件"→"新式"→"布尔"→"垂直摇杆开关"，添加一个垂直摇杆开关，将标签改为"开关 1"。同样，添加一个翘板开关，将标签改为"开关 2"。垂直摇杆开关和翘板开关的位置如图 2-15 所示。

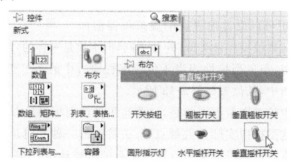

图 2-15　垂直摇杆开关和翘板开关的位置

依次选择"控件"→"新式"→"布尔"→"圆形指示灯",添加一个圆形指示灯控件,将标签改为"指示灯1",同样添加一个方形指示灯控件,将标签改为"指示灯2"。其位置如图2-16所示。

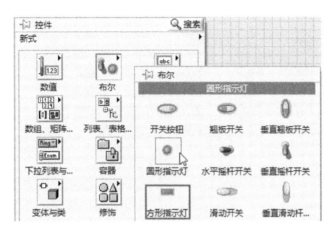

图2-16 指示灯的位置

设计的前面板如图2-17所示。

② 设计程序框图。

将"开关1"控件与"指示灯1"相连,将"开关2"控件与"指示灯2"相连。

连接后的程序框图如图2-18所示。

(3) 运行程序。

单击"连续运行"按钮,单击前面板的开关,观察指示灯颜色的变化。运行界面如图2-19所示。

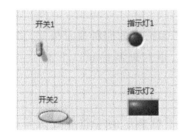

图2-17 前面板(实例2.2)

图2-18 程序框图(实例2.2)

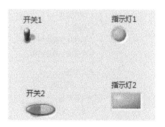

图2-19 运行界面(实例2.2)

2.1.3 字符串型

字符串是LabVIEW中一种基本的数据类型,LabVIEW为用户提供了强大的字符串控件和字符串运算的功能函数。图2-20所示为"字符串与路径"子面板在控件面板中的位置,由图可以看到"字符串与路径"子面板中有三个对象,即字符串控件、组合框控件、文件路径控件。其中,路径是一种特殊的字符串,专门用于对文件路径的处理。

1. 字符串控件

字符串对象用于处理和显示各种字符串,选用数据操作工具或文本编辑工具,单击字符串对象的显示区,即可在对象显示区的光标位置对字符串进行输入和修改。LabVIEW中字符串的编辑操作与文本编辑操作相似,用户可以双击并拖动鼠标来选中部分字符,对选定的

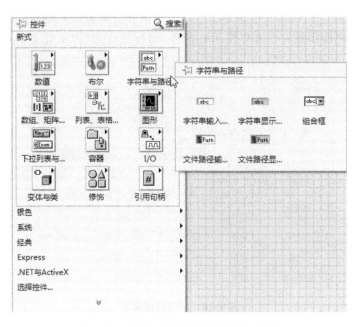

图 2-20 "字符串与路径"子面板的位置

图 2-21 字符串快捷菜单

字符进行复制、剪切等操作,同时,在 LabVIEW 中可以任意地更改字符的大小、样式、颜色等属性。

与数值型控件、布尔型控件一样,通过字符串的快捷菜单可以对控件的多数属性和功能进行定义,创建一个字符串输入控件,右击该控件,弹出快捷菜单,如图 2-21 所示,大多数的菜单项与数值型、布尔型控件快捷菜单的菜单项类似,这里只对字符串的专有菜单项进行介绍。

图 2-21 所示快捷菜单中列出了字符串的四种显示模式,即正常显示、"\"代码显示、密码显示、十六进制显示。下面一一介绍这四种显示。

1)正常显示

在正常显示模式下,除了一些不可显示的字符如制表符、Esc 等,字符串控件显示输入的一切字符。

2)"\"代码显示

在"\"代码显示模式下,字符串除了显示普通的字符外,还可以显示一些特殊的控制字符。该模式主要用于调试 VI 及把不可显示字符发送至仪器或其他设备,表 2-3 给出了 LabVIEW 对不同代码的解释。

表 2-3 特殊字符表

代　　码	LabVIEW 解释
\00～\FF	8 位字符的十六进制值,必须大写
\b	退格符(ASCII BS)

代码	LabVIEW 解释
\f	换页符(ASCII FF)
\n	换行符(ASCII LF)
\r	回车符(ASCII CR)
\t	Tab 制表符(ASCII HT)
\s	空格符
\\	反斜杠(ASCII \)
%%	百分比

3）密码显示

密码显示模式使输入字符串控件的每个字符都显示为星号(*)，主要用于输入口令。

4）十六进制显示

十六进制显示将显示字符的 ASCII 值，而不是字符本身。调试或与仪器通信时，可使用十六进制显示。

我们在字符串输入控件中输入"labview2013"，图 2-22 给出了四种显示模式下的显示结果。

2. 组合框控件

组合框是一种特殊的字符串对象，除了具有一般字符串对象功能外，还添加了一个字符串列表。在字符串列表中，用户可以选择预先设定字符串，单击下拉按钮，出现一个下拉列表，如图 2-23 所示，列表中列出了预先设定好的字符串，用户可以任意选择先前设定好的字符串。当没有编辑相应字符串时，下拉按钮是灰色的，不起作用。

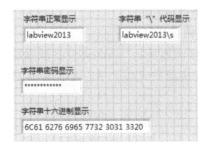

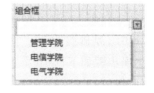

图 2-22 四种显示模式下的显示结果　　图 2-23 组合框对象

右击组合框，弹出快捷菜单，执行"编辑项"命令，如图 2-24 所示，弹出如图 2-25 所示的对话框。在编辑区中，左边的"项"为在组合框中显示的字符串，右边的"值"为组合框实际存储的值。当勾选"值与项值匹配"复选项时，"值"中的字符串选项与"项"中的内容保持一致。在图 2-25 所示对话框下方有"允许在运行时有未定义值"复选项，当勾选此复选项时，在程序运行过程中用户可以输入新的字符串，而不仅仅局限于使用预先设定的字符串，当不勾选此复选项时，在程序运行过程中禁止输入新的字符串。

图 2-24 "编辑项"命令

图 2-25 "组合框属性:组合框"对话框

3. 文件路径控件

文件路径控件是一种特殊的字符串对象,专门用于处理文件的路径。文件路径控件用于输入或返回文件(或目录)的地址,可与文件 I/O 节点配合使用。图 2-26 所示为文件路径控件,用户可以直接在文件路径输入控件中输入文件的路径,也可以通过单击右侧的"浏览"按钮打开一个 Windows 标准文件对话框,在对话框中选择需要的文件。注意:文件路径显示控件不能输入,也没有"浏览"按钮。

图 2-26 文件路径控件

下面将通过一个实例来简单地说明字符串的应用。

【实例 2.3】 利用 LabVIEW 中字符串连接函数显示"labview2013 基础版"。

(1) 任务要求:利用 LabVIEW 中字符串连接函数将两个字符串连接并显示出来,显示结果为"labview2013 基础版"。

(2) 任务实现步骤如下。

① 设计前面板。

依次选择"控件"→"新式"→"字符串与路径"→"字符串输入控件",添加两个字符串输入控件。其位置如图 2-27 所示。将两个字符串输入控件标签改为"字符串输入 1"和"字符串输入 2"。

图 2-27 字符串输入控件的位置

依次选择"控件"→"新式"→"字符串与路径"→"字符串显示控件",添加一个字符串显示控件。其位置如图 2-28 所示,将字符串显示控件标签改为"字符串显示"。

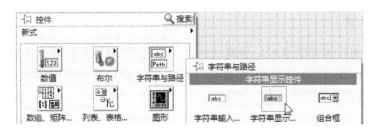

图 2-28　字符串显示控件的位置

设计好的前面板如图 2-29 所示。

② 设计程序框图。

依次选择"函数"→"编程"→"字符串"→"连接字符串",添加一个连接字符串函数。连接字符串的位置如图 2-30 所示。

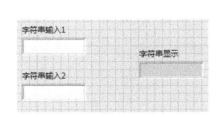

图 2-29　设计好的前面板(实例 2.3)

图 2-30　连接字符串的位置

将"字符串输入 1"的输出端口与连接字符串函数的一个输入端口相连,将"字符串输入 2"的输出端口与连接字符串函数的另一个输入端口相连。

将连接字符串函数的输出端口与"字符串显示"的输入端口相连。

设计好的程序框图如图 2-31 所示。

(3) 运行程序。

单击"连续运行"按钮,在"字符串输入 1"中输入"labview2013",在"字符串输入 2"中输入"基础版",单击前面板任意位置,可以看到在"字符串显示"中显示"labview2013 基础版",运行界面如图 2-32 所示。

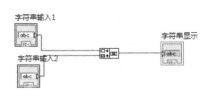

图 2-31　设计好的程序框图(实例 2.3)

图 2-32　运行界面(实例 2.3)

2.2　常用的数据运算

本节将介绍在 LabVIEW 设计中常用的数据运算,当然,LabVIEW 的功能是很强大的,其他的数据运算会在遇到时再做解释,另外读者可以参考 LabVIEW 的帮助文档来了解其他的数据运算。

2.2.1 数值运算

数值运算是编程语言中基本的运算之一。在 LabVIEW 中,数值运算符的位置位于程序框图中的函数面板的数值子面板下,如图 2-33 所示。数值子面板中除包含一些基本数值运算函数外,还包含几个子面板和一些常量。

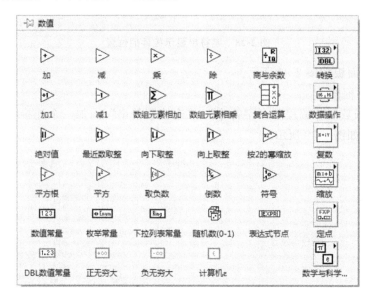

图 2-33　数值子面板

由图 2-33 可以看出,基本的数值运算主要包括了加、减、乘、除等基本的数值运算。这里我们不对数值子面板中各个节点做出说明,只通过简单的实例说明函数节点的用法。读者可以通过 LabVIEW 的"即时帮助"来了解每个函数节点的用法,使用快捷键 Ctrl＋H 调出即时帮助窗口,如图 2-34 所示,当然,也可以通过执行"帮助"→"显示即时帮助"命令来调出即时帮助窗口。

图 2-34　即时帮助窗口

【实例 2.4】 利用 LabVIEW 实现任一数与一常量相减,将所得结果和结果的绝对值显示出来。

(1)任务要求:将任一数值与一常量相减,将所得的结果和结果的绝对值显示出来。

(2)任务实现步骤如下。

① 设计前面板。

依次选择"控件"→"新式"→"数值"→"数值输入控件",添加一个数值输入控件,将标签改为"数值输入"。

依次选择"控件"→"新式"→"数值"→"数值显示控件",添加两个数值显示控件,将标签分别改为"相减结果输出""绝对值输出"。

设计好的前面板如图 2-35 所示。

② 设计程序框图。

依次选择"函数"→"编程"→"数值"→"数值常量",添加一个数值常量。其位置如图 2-36所示。将常量值改为 30。

图 2-35 设计好的前面板(实例 2.4)　　　　图 2-36 数值常量的位置

依次选择"函数"→"编程"→"数值"→"减",添加一个减函数。减的位置如图 2-37 所示。

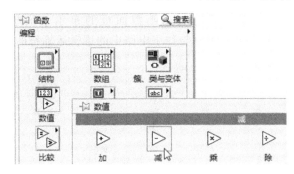

图 2-37 减的位置

依次选择"函数"→"编程"→"数值"→"绝对值",添加一个绝对值函数。绝对值的位置如图 2-38 所示。

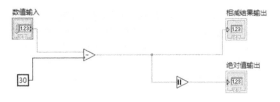

图 2-38　绝对值的位置

将"数值输入"控件的输出端口与减函数上端口相连,将数值常量的输出端口与减函数的下端口相连。

将减函数的输出端口分别与"相减结果输出"控件的输入端口和绝对值函数的输入端口相连。

将绝对值函数的输出端口与"绝对值输出"控件的输入端口相连。

设计好的程序框图如图 2-39 所示。

(3) 运行程序。

单击"连续运行"按钮,在前面板的"数值输入"控件内输入任意值,这里我们输入 12,运行界面如图 2-40 所示。

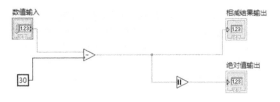

图 2-39　设计好的程序框图(实例 2.4)　　　图 2-40　运行界面(实例 2.4)

2.2.2　逻辑运算

逻辑运算又称为布尔运算,传统编程语言使用逻辑运算符将关系表达式或逻辑量连接起来,形成逻辑表达式。逻辑运算函数在函数面板的布尔子面板下,如图 2-41 所示,LabVIEW 中逻辑运算函数节点的图标与数字电路中的逻辑运算符的图标类似。

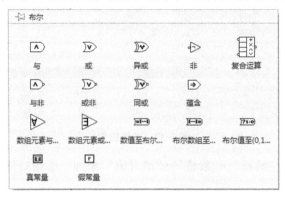

图 2-41　布尔运算函数节点

与数值运算一样,读者可以通过"即时帮助"来了解每一个函数节点的用法,这里我们以一个实例来简单说明逻辑运算。

【实例 2.5】 利用 LabVIEW 设计一个程序,当两个数中一个数大于给定常量时,指示灯颜色发生改变。

(1)任务要求:当输入的两个数中一个数大于给定常量时,指示灯的颜色发生改变。

(2)任务实现步骤如下。

① 设计前面板。

依次选择"控件"→"新式"→"数值"→"数值输入控件",添加两个数值输入控件,将标签改为"数值输入 1"和"数值输入 2"。

依次选择"控件"→"新式"→"布尔"→"圆形指示灯",添加一个圆形指示灯,将标签改为"指示灯"。

设计好的前面板如图 2-42 所示。

② 设计程序框图。

依次选择"函数"→"编程"→"数值"→"数值常量",添加一个数值常量,将常量值改为 5。

依次选择"函数"→"编程"→"比较"→"大于?",添加两个大于函数。大于的位置如图 2-43 所示。

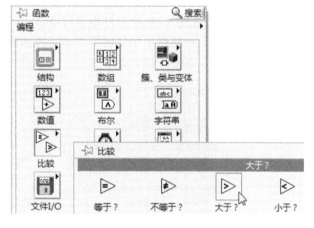

图 2-42　设计好的前面板(实例 2.5)　　　　　　图 2-43　大于的位置

将数值常量的输出端口分别与大于函数的下端口相连,"数值输入 1"和"数值输入 2"分别与大于函数的上端口相连。

依次选择"函数"→"编程"→"布尔"→"或",添加一个或函数。或的位置如图 2-44 所示。

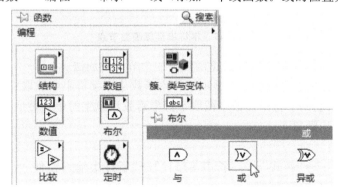

图 2-44　或的位置

将大于函数的输出端口连接至或函数的输入端口，或函数的输出端口连接至"指示灯"输入端口。

设计的程序框图如图 2-45 所示。

（3）运行程序。

单击"连续运行"按钮，在"数值输入 1"和"数值输入 2"中输入两个任意的数，观察指示灯的变化，图 2-46 所示为运行界面。

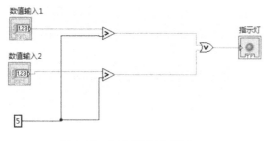

图 2-45　程序框图（实例 2.5）　　　　图 2-46　运行界面（实例 2.5）

2.2.3　字符串运算

在 LabVIEW 中，经常需要实现与各种仪器的通信和处理各种不同的文本命令，而这些命令通常由字符串组成，因此对字符串进行合成、分解、变换是程序设计人员经常遇到的问题。LabVIEW 为用户提供了丰富的字符串运算函数，字符串运算函数的子面板在函数面板的字符串子面板下，如图 2-47 所示。

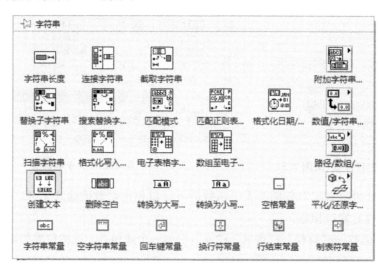

图 2-47　字符串运算函数节点

下面通过一个实例说明字符串运算函数中一个节点的用法。

【实例 2.6】　利用字符串函数中截取字符串函数从原字符串中截取一个子字符串。

（1）任务要求：利用字符串函数中截取字符串函数从原字符串中截取一个子字符串。

（2）任务实现步骤如下。

① 设计前面板。

依次选择"控件"→"新式"→"字符串与路径"→"字符串输入控件"，添加一个字符串输入控件，将标签改为"主字符串"。

依次选择"控件"→"新式"→"字符串与路径"→"字符串显示控件",添加一个字符串显示控件,将标签改为"子字符串"。

设计好的前面板如图 2-48 所示。

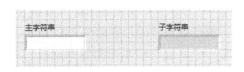

图 2-48　设计好的前面板(实例 2.6)

② 设计程序框图。

依次选择"函数"→"编程"→"字符串"→"截取字符串",添加一个截取字符串函数。其位置如图 2-49 所示。

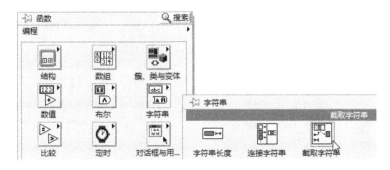

图 2-49　截取字符串的位置

依次选择"函数"→"编程"→"数值"→"数值常量",在截取字符串函数的"偏移量"端口添加一个数值常量,将其值设为 3。

依次选择"函数"→"编程"→"数值"→"数值常量",在截取字符串函数的"长度"端口添加一个数值常量,将其值设为 3。

将"主字符串"输出端口与截取字符串函数的"字符串"端口相连,将截取字符串函数的输出端口与"子字符串"的输入端口相连。

设计好的程序框图如图 2-50 所示。

(3) 运行程序。

单击"连续运行"按钮,在"主字符串"内输入"labview2013",观察"子字符串"的显示结果。运行界面如图 2-51 所示。

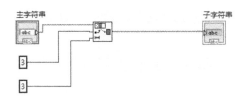

图 2-50　程序框图(实例 2.6)　　　　　**图 2-51　运行界面(实例 2.6)**

2.3　典型实例——基于 LabVIEW 流水灯的实现

【实例 2.7】　利用 LabVIEW 控制五个布尔灯的亮灭。

(1) 任务要求:用 LabVIEW 控制五个布尔灯的交替亮灭,并且由一个滑动杆控制指示灯的亮灭时间。

（2）任务实现步骤如下。

① 设计前面板。

依次选择"控件"→"新式"→"布尔"→"圆形指示灯"，添加五个布尔灯，将其标签依次改为布尔1、布尔2……布尔5。圆形指示灯的位置如图 2-52 所示。

依次选择"控件"→"新式"→"数值"→"水平指针滑动杆"，添加一个水平指针滑动杆。水平指针滑动杆的位置如图 2-53 所示。将水平指针滑动杆的标签改为"时间控制"，修改水平指针滑动杆的属性，将其"刻度范围"改为 0～1000，如图 2-54 所示。

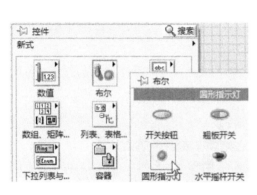

图 2-52　圆形指示灯的位置

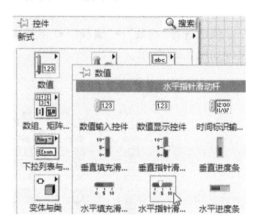

图 2-53　水平指针滑动杆的位置

图 2-54　修改滑动杆属性

依次选择"控件"→"新式"→"布尔"→"停止按钮"，添加一个停止按钮。其位置如图 2-55 所示。

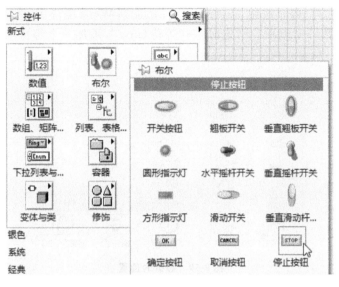

图 2-55　停止按钮的位置

设计好的前面板如图 2-56 所示。

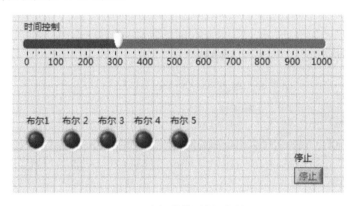

图 2-56　设计好的前面板(实例 2.7)

② 设计程序框图。

依次选择"函数"→"编程"→"结构"→"条件结构",添加一个条件结构。其位置如图 2-57 所示。

依次选择"函数"→"编程"→"结构"→"While 循环",添加一个 While 循环。其位置如图 2-58 所示。

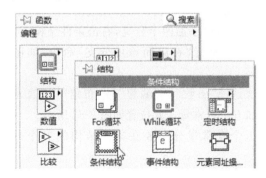

图 2-57　条件结构的位置

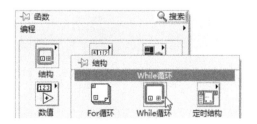

图 2-58　While 循环的位置

将滑动杆、布尔灯、停止按钮、条件结构全部添加到 While 循环中。

依次选择"函数"→"编程"→"定时"→"等待(ms)",添加一个等待函数。其位置如图 2-59 所示。

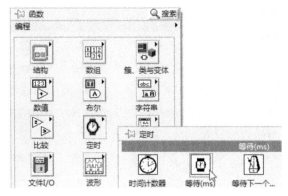

图 2-59 等待的位置

将"时间控制"滑动杆的输出端口与等待函数的输入端口相连,将"停止"按钮与 While 循环的条件端口相连。

依次选择"函数"→"编程"→"数值"→"商与余数",添加一个"商与余数"函数。其位置如图 2-60 所示。

图 2-60 "商与余数"的位置

图 2-61 在条件结构后面添加分支

依次选择"函数"→"编程"→"数值"→"数值常量",添加一个数值常量,将常量值改为 5。

将 While 循环的"循环计数"端口与"商与余数"函数的"X"端口相连,将数值常量与"商与余数"函数的"Y"端口相连,将"商与余数"函数的输出端口与条件结构的"条件选择"端口相连。

给条件结构添加四个分支,右击条件结构,弹出快捷菜单,执行"在后面添加分支"命令,如图 2-61 所示。

依次选择"函数"→"编程"→"布尔"→"真常量",添加五个真常量。其位置如图 2-62 所示。

将五个真常量分别放在条件结构的五个分支中。

将 0 到 4 号分支中的真常量分别与布尔 1 到

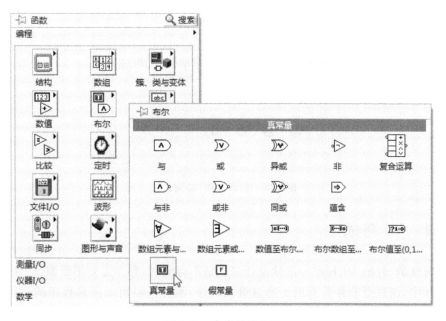

图 2-62　真常量的位置

布尔 5 的五个布尔灯相连。

在 0 号分支中只连接了布尔 1 号灯，其他的未连接，需要使用"未连线时使用默认"命令，如图 2-63 所示，同理，其他分支也做此处理。

程序框图设计完成后如图 2-64 所示。

图 2-63　"未连线时使用默认"命令

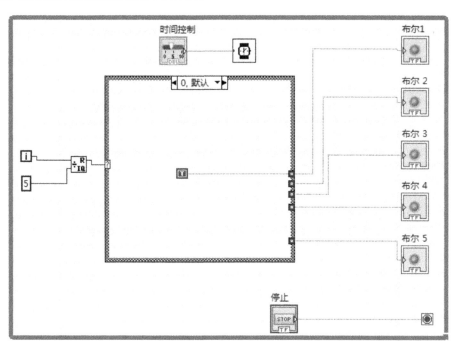

图 2-64　程序框图（实例 2.7）

（3）运行程序。

单击"运行"按钮，或使用快捷键 Ctrl＋R，调节滑动杆的值并观察流水灯的状态，单击

"停止"按钮停止程序运行。运行界面如图 2-65 所示。

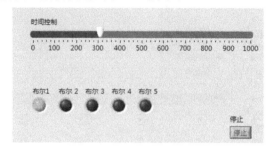

图 2-65　运行界面(实例 2.7)

2.4　VI 调试

一个完整的、好的 VI 程序一次性设计完成是不可能的,程序需要不断调试、修改,所以,在程序设计中,调试是非常重要的。通过调试程序,编程人员可以跟踪程序的运行状况,查找程序中存在的各种错误,并修改这些错误,根据运行结果对程序进行优化,最终得到一个正确的、可靠的程序。

LabVIEW 在编译环境下提供了多种调试 VI 程序的手段,除了具有传统编程语言支持的单步运行、断点和探针外,还提供了一种调试手段——高亮显示执行过程。高亮显示执行过程中可以看到数据流的动画,使用户清楚地观察程序运行的每一个细节,为查找错误、修改和优化程序提供有效的手段和依据。

LabVIEW 中主要有以下五种调试方法。

1. 找出语法错误

VI 程序必须在没有基本语法错误的情况下运行,LabVIEW 能够自动识别程序中存在的基本语法错误。如果工具面板上的运行按钮变成 ![按钮] ,则表示程序存在错误不能运行。单击该按钮会弹出"错误列表"对话框,如图 2-66 所示。单击错误列表中的某一项会显示此

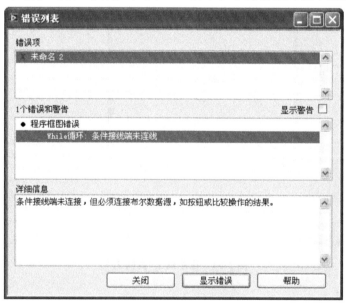

图 2-66　"错误列表"对话框

错误的详细说明信息,以此帮助用户修改错误。用户也可以双击错误项,LabVIEW 会自动定位到发生错误的对象上,并高亮显示该对象。

2. 设置断点调试

为了查找程序中的逻辑错误,用户往往希望程序框图一个节点一个节点地执行。使用断点工具可以在程序的某一点暂时中止程序的执行,用单步方式查看数据。当用户不知道程序中哪里出现错误时,设置断点是一种排除错误的手段,在 LabVIEW 中,从工具面板中选取断点工具,如图 2-67 所示。在需要设置断点的位置单击即可,如果想清除断点,在设置断点的位置再次单击即可。如图 2-68 所示,断点对于节点或者程序图框显示为红框,对于连线显示为红点。

图 2-67 选取断点工具

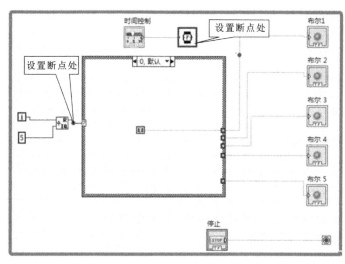

图 2-68 设置断点示意图

运行程序时我们发现,程序每当运行到断点处就会停下来,并且高亮显示数据流到达的位置,程序停止在断点处时程序框图如图 2-69 所示,从图中可以看出,程序停在断点处,并高亮显示数据到达的对象。用户检查程序无误后,可以在断点处单击,以清除断点。

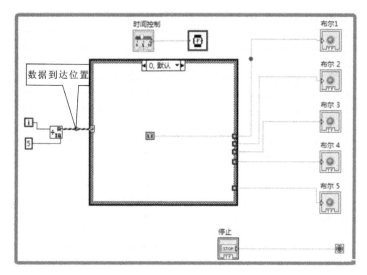

图 2-69 数据流到达位置

3. 设置探针

在有些情况下,仅靠设置断点往往不能满足需要,探针就是一种很好的辅助工具。探针可以在任何时刻查看任意一条连线上的数据,就如同一根针,能够随时侦测到数据流中的数据。

在 LabVIEW 中,设置探针的方法是用工具面板中的探针工具,如图 2-70 所示。运行程序,选取探针工具,选取需要设置探针的连线,将弹出探针监视窗口,如图 2-71 所示。若想取消探针,则单击"删除所选探针"按钮。

图 2-70 探针工具　　　　　　　　　　　　图 2-71 探针监视窗口

4. 高亮显示程序的运行

单击 LabVIEW 工具栏上的高亮显示程序按钮，程序将会以高亮方式运行,此时按钮变为，就如同点亮的一盏灯。图 2-72 所示是处于高亮运行状态下的程序,我们可以发现,在这种方式下运行,程序运行的速度较慢,没有执行的部分以灰色显示,执行过的部分以高亮显示,并显示数据流线上的值。这样,用户可以根据数据的流动状态跟踪程序的执行,并实时了解每个数据节点的数值。

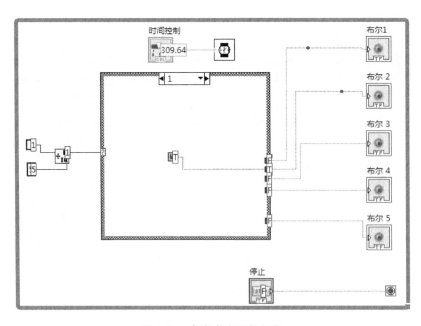

图 2-72 高亮方式运行程序

5. 单步运行和循环运行

单步运行和循环运行是 LabVIEW 支持的两种程序运行方式,与正常运行方式不同的是,这两种运行方式主要用于调试和纠错。循环运行,就是指当程序中的数据流流经最后一个对象时,程序会自动重新运行,直到用户单击"停止"按钮 (或按下快捷键 Ctrl+".")为止。

2.5 LabVIEW 程序设计中常用快捷键

LabVIEW 程序设计中常用快捷键如表 2-4 所示。

表 2-4 LabVIEW 程序设计中常用快捷键

快 捷 键	功 能
Ctrl+N	新建一个空白 VI
Ctrl+S	保存 VI
Ctrl+E	前面板和程序框图切换
Ctrl+Z	撤销上一步操作
Ctrl+B	删除程序框图中所有断线
Ctrl+R	执行程序运行
Ctrl+.	停止程序运行
Ctrl+O	打开一个 VI 程序

习 题

1. VI 程序调试中常用的调试方法有哪些?

2. 设计一个 VI 程序,要求能够计算圆的周长和面积。

3. 设计一个 VI 程序,当两个数同时大于某一个常量时,亮一号灯;当两个数同时小于该常量时,亮二号灯;当条件未满足时,没有灯亮。

4. 利用 LabVIEW 产生 0~10 的随机数,并显示出来。

5. 创建一个组合框和一个字符串显示控件,要求在组合框内选择相应学生的姓名,字符串显示控件内显示该学生的学号和所属的院系。

第3章 数组数据和簇数据

在 LabVIEW 程序设计中,往往需要对大量数据进行分析和处理,本章将结合 LabVIEW 中数组数据和簇数据进行讲解,同时通过典型实例——基于 LabVIEW 模拟汽车表盘的设计,让读者深入掌握数组数据和簇数据的使用方法。本章的主要内容如下:

- 数组数据;
- 簇数据;
- 典型实例——基于 LabVIEW 模拟汽车表盘的设计。

3.1 数组数据

3.1.1 数组数据概述

LabVIEW 中的数组数据是由同一类型的数据元素组成的大小可变的集合,这些元素可以是数值型、布尔型、字符串型等。数组中的元素必须都是控件或者都是指示器。在前面板中的数组对象往往由一个盛放数据容器和数据本身构成,在程序框图中则体现为一个一维或多维的矩阵。

数组可以是一维的,也可以是多维的。我们知道,一维数组可以是一行或一列数据,通俗地讲,就是一维数组可以在平面上描绘出一条曲线。同理,可以推断二维数组是由若干行和列数据组成的,二维数组可以在平面上描绘多条曲线,三维数组是由若干页组成的,而每一页是由一个二维数组构成的。

在 LabVIEW 中数组是由数据索引、数据类型、数据三部分构成的。其中,数据类型是隐含在数据中的,如图 3-1 所示。

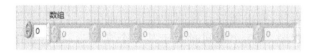

图 3-1 一维数组的组成

由图 3-1 可以看出,数组元素位于右侧的数组框架中,按照元素的索引由小到大的顺序,从左至右、从上至下排列,图 3-1 中只显示了从左至右的排列。数组左侧为数组索引框,索引值是位于数组框架中最左边或最上边的索引值,由于数组中能够显示的数组元素的个数是有限的,所以用户可以通过数组索引很容易地查找数组中的任何一个元素。

LabVIEW 中数组比其他编程语言要灵活许多。与 C 语言相比较,在 C 语言中使用一个数组时,需要定义数组的长度,但 LabVIEW 会根据用户需要自动确认数组长度。值得注意的一点是,数组中的数据类型必须完全相同,如都是数值型,或者都是布尔型等,若要将不同的数据类型糅合在一起,需要用到簇,我们将在下一节对簇进行介绍。

3.1.2 数组数据的创建

在 LabVIEW 中创建数组数据的方法主要有三种:在前面板上创建数组数据,在程序框图中创建数组数据,利用函数、VIs 及 Express VIs 动态生成数组数据。LabVIEW 程序设计中创建数组数据时主要用到的方法是前面两种。下面主要对这两种创建方法加以说明。

1. 在前面板上创建数组

（1）从控件面板中的"数组、矩阵与簇"面板中选择数组框架，如图 3-2 所示。此时并没有完成一个数组的创建，只是添加了一个数组框架，里面不包含任何内容，对应在程序框图中的端口是一个黑色的矩形图标，如图 3-3 所示。

（2）用户根据需要将相应的数据类型放置到数组框架中。用户可以直接将选择的对象放进数组框架中，也可以将前面板上已有的对象拖至数组框架中。放进数组框架中的数据类型决定了数组类型，并且决定了该数组是控件数组还是显示数组。图 3-4 所示为将数值输入控件拖至数组框架中后形成的数值型数组。

图 3-2 选择数组框架

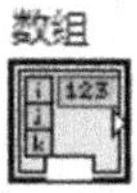

3-3 程序框图中的数组框架

图 3-4 数值型数组

数组在创建之初均为一维数组，如果想要创建一个多维数组，则需要把定位工具放在索引框任意一角，按住鼠标左键略微向上或者向下移动鼠标以增加索引框即可增加数组的维度，如图 3-5 所示，或者在索引框上右击，执行快捷菜单中的"添加维度"命令，如图 3-6 所示，即可添加数组的维度。

图 3-5 添加数组维度

图 3-6 "添加维度"命令

数组建立之初都只有一个成员,将鼠标指针移到数组框的任意一角,当鼠标指针变成网格状时,拖动鼠标,增加数组成员,如图 3-7 所示。

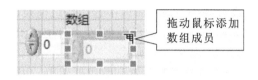

图 3-7　添加数组成员

2. 在程序框图中创建数组常量

在程序框图中创建数组常量和在前面板上创建数组的方法类似。先从函数面板中选择数组常量对象放在程序框图的窗口中,如图 3-8 所示,然后用户根据需要选择一个数据常量放置在空数组中,如图 3-9 选择了一个字符串型的常量,然后给其赋值为"LabVIEW"。

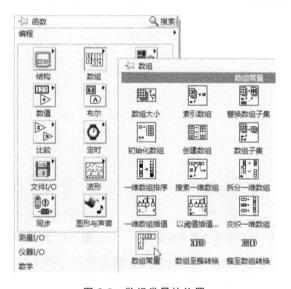

图 3-8　数组常量的位置　　　　　图 3-9　创建字符串型数组常量

3. 数组数据的使用

对数组的操作基本上是求数组的长度、对数据进行排序、替换数组中的元素、初始化数组等各种运算,传统的编程语言中主要依靠各种函数来实现这些运算,而 LabVIEW 中这些函数是以功能函数节点的形式来表现的。

3.1.3　数组函数及操作

图 3-10 所示为程序框图中与数组运算相关的节点,由于数组运算在 LabVIEW 程序设计中是很重要的一部分,所以本小节将结合几个常用的数组函数进行说明。

1. 创建数组函数

创建数组函数的图标为 ,通过 LabVIEW 的"即时帮助"可看到该函数的使用方法如图 3-11 所示。

【实例 3.1】　将多个字符串创建成为一个一维数组。

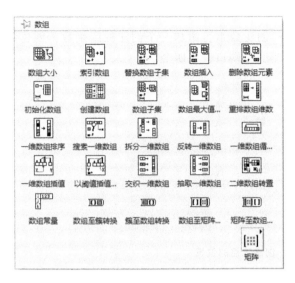

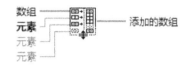

图 3-10　数组函数　　　　　　　　　　图 3-11　创建数组函数的用法

（1）任务要求：将多个字符串通过创建数组函数的方式创建为一个一维数组。

（2）任务实现步骤如下。

① 设计前面板。

依次选择"控件"→"新式"→"字符串与路径"→"字符串输入控件"，添加四个字符串输入控件，将标签分别改为字符串 1，…，字符串 4。

依次选择"控件"→"新式"→"数组、矩阵与簇"→"数组"，添加一个数组框。其位置如图 3-12 所示。将字符串显示控件拖拽到数组框内，将数组成员改成 4 行，标签改为"字符串数组"。

设计好的前面板如图 3-13 所示。

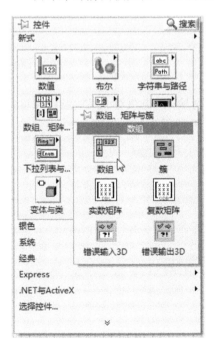

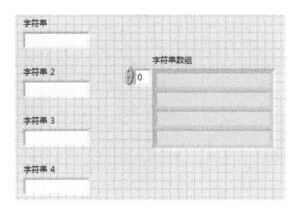

图 3-12　数组的位置　　　　　　　　　图 3-13　设计好的前面板（实例 3.1）

② 设计程序框图。

依次选择"函数"→"编程"→"数组"→"创建数组",添加一个创建数组函数。创建数组的位置如图 3-14 所示,将创建数组函数的"元素"端口改成四个。

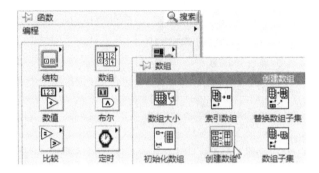

图 3-14　创建数组的位置

依次将字符串 1 至字符串 4 与创建数组函数的"元素"端口相连。

将创建数组函数的输出端口与"字符串数组"的输入端口相连。

程序框图如图 3-15 所示。

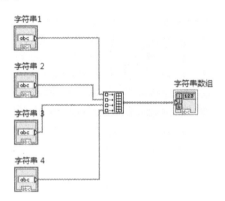

图 3-15　程序框图(实例 3.1)

(3) 运行程序。

单击"连续运行"按钮,在字符串 1 至字符串 4 中分别输入"电气学院""2011910114""labview2013 基础版""张三",单击前面板任意位置,图 3-16 所示为运行界面。

图 3-16　运行界面(实例 3.1)

2. 索引数组函数

索引数组的图标为 ，该函数的使用方法如图 3-17 所示。

图 3-17　索引数组函数的用法

【**实例 3.2**】　用索引数组函数获得二维数组中的任意元素。

(1) 任务要求:利用索引数组函数获得二维数组中的任一元素。

(2) 任务实现步骤如下。

① 设计前面板。

依次选择"控件"→"新式"→"数组、矩阵与簇"→"数组",添加一个数组框,将数值输入控件拖拽到数组框内,将标签改为"数值数组"。

将一维数组改为二维数组,成员数改为 3 行 3 列,如图 3-18 所示。

依次选择"控件"→"新式"→"数值"→"数值输入控件",添加两个数值输入控件,将标签改为"行索引"和"列索引"。

依次选择"控件"→"新式"→"数值"→"数值显示控件",添加一个数值显示控件,将标签改为"元素"。

设计好的前面板如图 3-19 所示。

图 3-18　改为二维数组

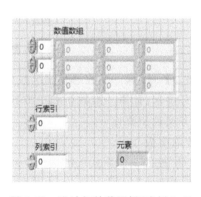

图 3-19　设计好的前面板(实例 3.2)

② 设计程序框图。

依次选择"函数"→"编程"→"数组"→"索引数组",添加一个索引数组函数。其位置如图 3-20 所示。

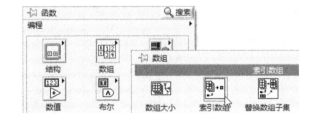

图 3-20　索引数组的位置

将"数值数组"输出端口与索引数组的"数组"端口相连,"行索引"和"列索引"分别与索引数组的"索引"端口相连。

将索引数组的"元素"输出端口与"元素"数值显示控件的输入端口相连。

程序框图如图 3-21 所示。

（3）运行程序。

单击"连续运行"按钮,在二维数组中输入任意数值元素,在"行索引"和"列索引"中输入索引值找到相应元素,运行界面如图 3-22 所示。

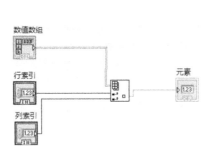
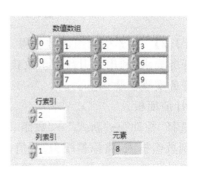

图 3-21　程序框图（实例 3.2）　　　　图 3-22　运行界面（实例 3.2）

3. 数组大小函数

数组大小函数图标为 数组大小 ,该函数的使用方法如图 3-23 所示。

3-23　数组大小函数的用法

【实例 3.3】　计算一维数组和二维数组的大小。

（1）任务要求:计算一维数组和二维数组的大小。

（2）任务实现步骤如下。

① 设计前面板。

依次选择"控件"→"新式"→"数值"→"数值显示控件",添加一个数值显示控件,将标签改为"一维数组大小"。

依次选择"控件"→"新式"→"数组、矩阵与簇"→"数组",添加一个数组控件,将标签改为"二维数组大小"。将数值显示控件拖拽至数组框内,将数组成员设置为 2 列。

设计好的前面板如图 3-24 所示。

② 设计程序框图。

依次选择"函数"→"编程"→"数组"→"数组大小",添加两个数组大小函数。其位置如图 3-25 所示。

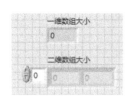
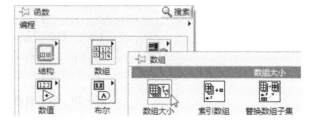

图 3-24　设计好的前面板（实例 3.3）　　　　图 3-25　数组大小的位置

依次选择"函数"→"编程"→"数组"→"数组常量",添加两个数组常量。其位置如图 3-26 所示。

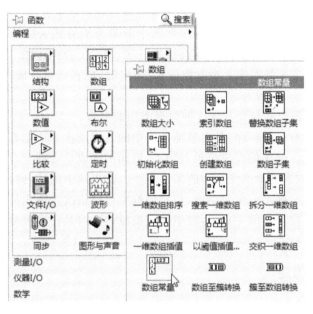

图 3-26　数组常量的位置

向两个数组常量中添加两个数值常量,将第一个成员数设置为六个,将第二个成员数设置为 3 行 4 列。

将第一个数组常量与其中一个数组大小函数的"数组"输入端相连,将输出端与"一维数组大小"显示控件相连,同理将第二个数组常量也连接起来。

程序框图如图 3-27 所示。

(3) 运行程序。

单击"连续运行"按钮,运行界面如图 3-28 所示。

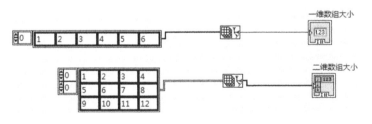

图 3-27　程序框图(实例 3.3)　　　　　图 3-28　运行界面(实例 3.3)

由结果显示可知,程序框图中数组常量的大小分别为六个成员和 3 行 4 列的二维数组。

 ## 3.2　簇数据

簇是 LabVIEW 中一个比较特别的数据类型,它可以将几个不同的数据类型集中到一个单元中形成一个整体。

3.2.1　簇数据概述

在程序设计中,只有数值型、布尔型、字符串型、数组往往是不够的,有时为了便于引用,

还需要将不同的数据类型整合到一起,这样,在 LabVIEW 中就引进了簇数据。

簇是类似于数组的一种数据结构,一个簇是由若干个不同的数据类型组成的集合体,类似于 C 语言中的结构体。在程序设计中使用簇可以给我们带来方便。

(1)簇在程序设计中通常可以将程序框图中的多个地方相关的数据元素集中到一起,这样就只需要一根连线即可将多个节点连接到一起,减少了数据连线。

(2)子程序有多个不同数据类型参数输入/输出时,把它们整合成一个簇可以减少连线板上端口的数量。

(3)某些控件和函数必须要有簇这种数据类型的参数。

簇成员在逻辑上有一种顺序,是由被拖入簇中的先后顺序来决定在簇中的顺序的,与在簇中的摆放位置无关。前面的簇成员被删除了,后面的簇成员会补上。

当然,我们也可以人为地改变簇中的逻辑顺序。右击选中的簇,弹出快捷菜单,执行"重新排序簇中控件"命令,弹出一个对话框,在对话框中可以依次为簇成员指定新的逻辑顺序。

在使用簇数据时应注意的一点是,簇中的成员虽然可以是任意类型的,但成员必须同时是控件或者指示器。

3.2.2 簇数据的创建

1. 在前面板上创建簇

在 LabVIEW 的前面板的程序设计中,簇的创建方法和数组的创建方法类似。首先在控件面板的子面板"数组、矩阵与簇"中选择"簇"框架,图 3-29 所示为簇的位置,然后向簇框架中添加所需要的元素,这个簇的类型以及它是控件还是指示器完全取决于放入簇框架中的对象。

如图 3-30 所示,我们向簇框架中添加了数值输入控件、字符串输入控件、布尔型控件。

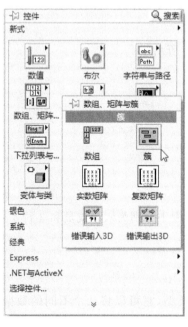

图 3-29　簇的位置

图 3-30　簇的创建

右击选中的簇,弹出快捷菜单,执行"重新排序簇中控件"命令,如图 3-31 所示。在弹出的对话框中可以修改簇中成员的逻辑顺序,如图 3-32 所示。

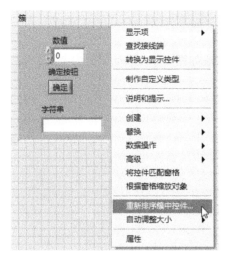

图 3-31 "重新排序簇中控件"命令

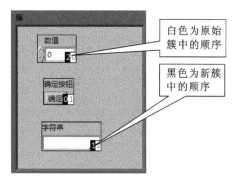

图 3-32 修改簇中成员的逻辑顺序

2. 在程序框图中创建簇常量

在程序框图中创建簇常量的方法与创建数组常量的方法类似。首先从函数面板下的"簇、类与变体"子面板内选择"簇常量"框架,其位置如图 3-33 所示。向簇常量框架中分别添加数值型常量、布尔型常量、字符串型常量,如图 3-34 所示。

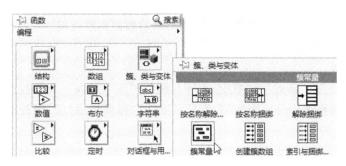

图 3-33 簇常量的位置

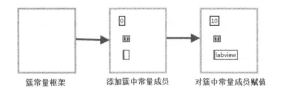

图 3-34 簇常量的创建

簇中的成员是按照逻辑顺序排列的,所以如果要访问簇中的单个成员,用户必须记住该成员的序号。簇中的成员是按照放入簇中的先后顺序排列的,即第一个放入簇中的序号为0,第二个序号为1,以此类推,第 n 个成员的序号为 $n-1$。

3.2.3 簇函数及操作

图 3-35 所示为程序框图中与簇运算相关的函数节点。本小节将对簇中常用的几个节点函数举例说明。

1. 捆绑函数

簇数据的捆绑函数图标为 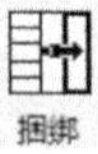 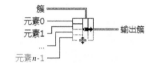，该函数的使用方法如图 3-36 所示。

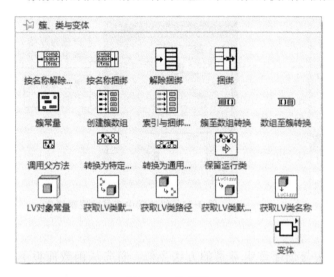

图 3-35 簇函数

图 3-36 捆绑函数的使用方法

【**实例 3.4**】 利用捆绑函数将基本数据类型的数据元素合成一个簇数据。

（1）任务要求：利用捆绑函数将基本数据类型的数据元素合成一个簇数据。

（2）任务实现步骤如下。

① 设计前面板。

依次选择"控件"→"新式"→"数组、矩阵与簇"→"簇"，添加一个簇数据框架。其位置如图 3-37 所示。向簇框架中分别添加"数值显示控件""圆形指示灯""字符串显示控件"，如图 3-38 所示。

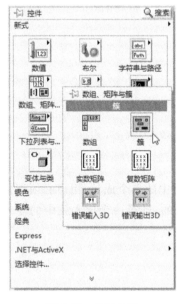

图 3-37 簇的位置

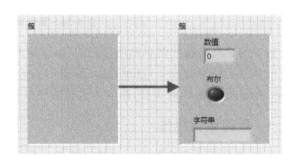

图 3-38 向簇框架中添加成员

依次选择"控件"→"新式"→"数值"→"垂直指针滑动杆",添加一个垂直指针滑动杆。其位置如图 3-39 所示。

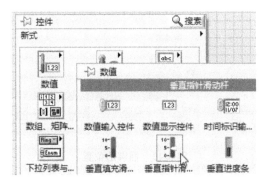

图 3-39 垂直指针滑动杆的位置

依次选择"控件"→"新式"→"布尔"→"滑动开关",添加一个滑动开关。其位置如图 3-40所示。

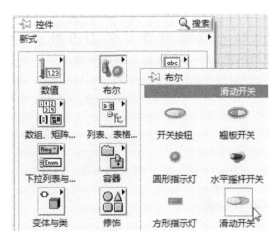

图 3-40 滑动开关的位置

依次选择"控件"→"新式"→"字符串与路径"→"字符串输入控件",添加一个字符串输入控件。

设计好的前面板如图 3-41 所示。

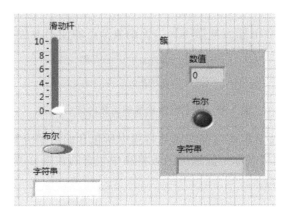

图 3-41 设计好的前面板(实例 3.4)

② 设计程序框图。

依次选择"函数"→"编程"→"簇、类与变体"→"捆绑",添加一个捆绑函数。其位置如图3-42 所示。

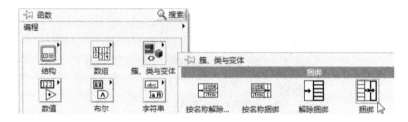

图 3-42　捆绑的位置

将捆绑函数的输入端口扩展为三个,将数值输入控件、滑动开关、字符串输入控件分别与捆绑函数的三个输入端口相连。

将捆绑函数的输出端口与簇的输入端口相连。

设计的程序框图如图3-43 所示。

(3) 运行程序。

单击"连续运行"按钮,分别滑动滑动杆,打开滑动开关,在字符串中输入"labview2013",观察簇显示的值,图3-44 所示为运行界面。

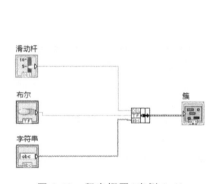

图 3-43　程序框图(实例3.4)

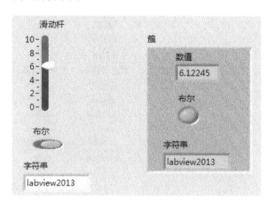

图 3-44　运行界面(实例3.4)

2. 按名称解除捆绑函数

按名称解除捆绑函数图标为 按名称解除… ,该函数节点的使用方法如图3-45 所示。

图 3-45　按名称解除捆绑函数的使用方法

【实例 3.5】　利用按名称解除捆绑函数将簇中所包含的数据分解为各个元素。

(1) 任务要求:利用按名称解除捆绑函数将簇中包含的数据分解为各个元素。

(2) 任务实现步骤如下。

① 设计前面板。

依次选择"控件"→"新式"→"数组、矩阵与簇"→"簇",添加一个簇框架。向簇框架中添加旋钮控件、翘板开关、字符串输入控件。

依次选择"控件"→"新式"→"数值"→"数值显示控件",添加一个数值显示控件。

依次选择"控件"→"新式"→"布尔"→"方形指示灯",添加一个指示灯。

依次选择"控件"→"新式"→"字符串与路径"→"字符串显示控件",添加一个字符串显示控件。

设计好的前面板如图 3-46 所示。

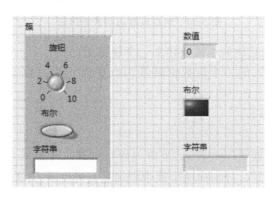

图 3-46 设计好的前面板(实例 3.5)

② 设计程序框图。

依次选择"函数"→"编程"→"簇、类与变体"→"按名称解除捆绑",添加一个按名称解除捆绑函数。其位置如图 3-47 所示。

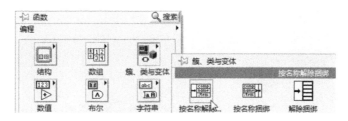

图 3-47 按名称解除捆绑的位置

将簇控件与按名称解除捆绑函数的输入簇相连,将按名称解除捆绑函数的输出元素端分别与数值显示控件、指示灯和字符串显示控件相连。

程序框图如图 3-48 所示。

(3)运行程序。

单击"连续运行"按钮,旋转旋钮,拨动翘板开关,在字符串输入控件内输入"labview 入门与提高"。运行界面如图 3-49 所示。

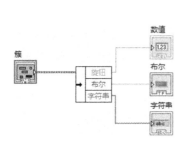

图 3-48 程序框图(实例 3.5)

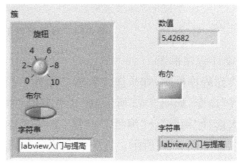

图 3-49 运行界面(实例 3.5)

3. 创建簇数组函数

创建簇数组函数图标为  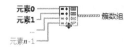，该函数的使用方法如图 3-50 所示。

图 3-50　创建簇数组函数的用法

【实例 3.6】　利用创建簇数组函数建立一个簇数组。

（1）任务要求：将输入的多个簇数据转换为以簇为元素的数组数据，并作为该函数的输出。

（2）任务实现步骤如下。

① 设计前面板。

依次选择"控件"→"新式"→"数组、矩阵与簇"→"簇"，添加两个簇框架，将两个簇的标签分别改为"簇 1"和"簇 2"。分别向两个簇中添加垂直进度条、开关按钮、字符串输入控件。

依次选择"控件"→"新式"→"数组、矩阵与簇"→"数组"，添加一个数组框架，将标签改为"数组"。

向数组框架中添加一个簇框架，在数组框架外再新建一个簇框架，向外部簇框架中添加数值显示控件、圆形指示灯、字符串显示控件，再将外部簇数据添加到簇数组中，然后将数组成员设置为 2 列。

设计好的前面板如图 3-51 所示。

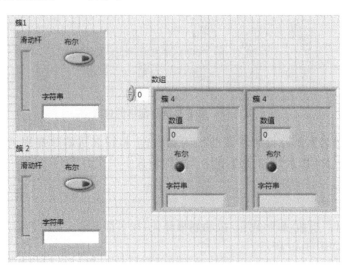

图 3-51　设计好的前面板（实例 3.6）

② 设计程序框图。

切换到程序框图，如果簇 1 和簇 2 为显示控件，则右击簇 1，弹出快捷菜单，执行"转换为输入控件"命令，如图 3-52 所示，簇 2 也类似，如果簇数组为输入控件则转换为显示控件。

依次选择"函数"→"编程"→"簇、类与变体"→"创建簇数组"，添加一个创建簇数组函数。其位置如图 3-53 所示。并将创建簇数组函数输入端口设置为两个。

图 3-52 "转换为输入控件"命令

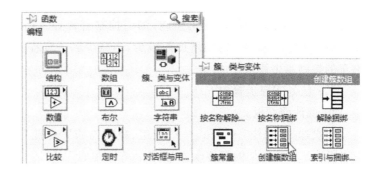

图 3-53 创建簇数组的位置

将簇 1 和簇 2 的输出端口分别与创建簇数组函数的输入端口相连,将创建簇数组函数的输出端口与数组输入端口相连。

程序框图如图 3-54 所示。

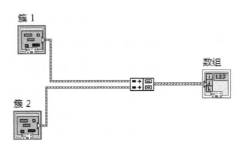

图 3-54 程序框图(实例 3.6)

(3) 运行程序。

单击"连续运行"按钮,分别改变簇 1 和簇 2 中的滑动杆、滑动开关、字符串,观察簇数组中的变化,运行界面如图 3-55 所示。

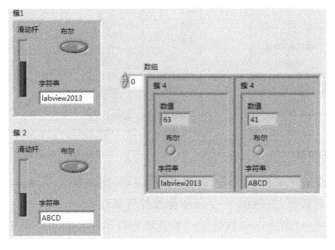

图 3-55 运行界面(实例 3.6)

3.3 典型实例——基于 LabVIEW 模拟汽车表盘的设计

【实例 3.7】 利用 LabVIEW 设计一个模拟汽车表盘的界面。

（1）任务要求：利用 LabVIEW 设计模拟汽车表盘的界面，当开启左、右转向灯开关时，相应的布尔灯亮。油门由旋钮控制，油门控制着转速。挡位由滑动杆控制，控制汽车的速度。汽车的油表数随着时间增加而减少，当减少到一定程度时，恢复到满格重新开始减少。汽车的控制盘由簇来完成。

（2）任务实现步骤如下。

① 设计前面板。

依次选择"控件"→"新式"→"数组、矩阵与簇"→"簇"，添加一个簇框架。其位置如图 3-56 所示。将簇框架的标签改为"模拟汽车控制盘"。

向簇中添加两个垂直摇杆开关，标签分别改为"左转向灯"和"右转向灯"；添加一个旋钮控件，标签改为"油门"；添加一个水平指针滑动杆，标签改为"挡位"。

依次选择"控件"→"新式"→"布尔"→"圆形指示灯"，添加两个圆形指示灯，将标签分别改为"左转向灯""右转向灯"。

依次选择"控件"→"新式"→"数值"→"量表"，添加两个量表。其位置如图 3-57 所示。将量表标签分别改为"转速表"和"速度表"。

图 3-56 簇的位置

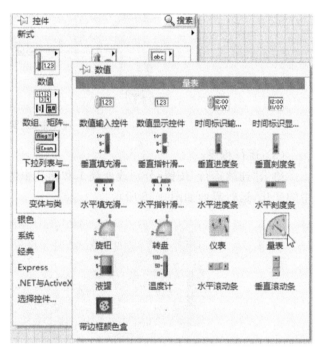

图 3-57 量表的位置

分别修改两个量表的属性。右击"转速表"量表，弹出快捷菜单，执行"属性"命令，弹出该显示控件的属性对话框，按照图 3-58 所示修改控件属性。

依次选择"控件"→"新式"→"数值"→"垂直填充滑动杆"，添加一个垂直填充滑动杆，将属性改为"转换为显示控件"，将标签改为"油箱液位"。

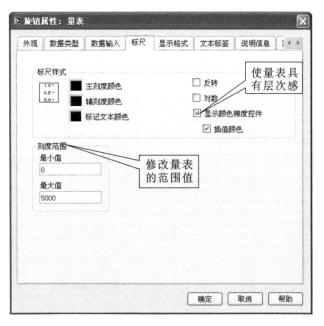

图 3-58　修改控件属性

依次选择"控件"→"新式"→"修饰"→"平面框",添加一个平面框,将显示控件部分框起来。平面框的位置如图 3-59 所示。前面提到过,LabVIEW 中的修饰是不参与运算的,只起修饰作用。

选择工具面板中的文字工具,如图 3-60 所示,在添加的平面框上添加"模拟汽车显示盘"。

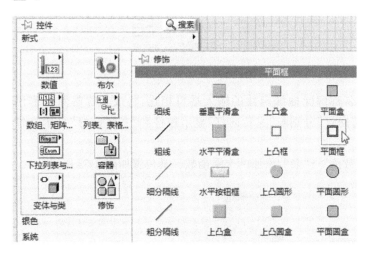

图 3-59　平面框的位置

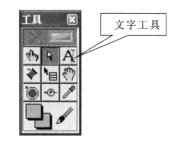

图 3-60　工具面板中的文字工具

依次选择"控件"→"新式"→"布尔"→"停止按钮",添加两个停止按钮,将标签分别改为"油表停止""其他部件停止"。

设计好的前面板如图 3-61 所示。

② 设计程序框图。

依次选择"函数"→"编程"→"结构"→"While 循环",添加两个 While 循环。

依次选择"函数"→"编程"→"簇、类与变体"→"按名称解除捆绑",添加一个按名称解除

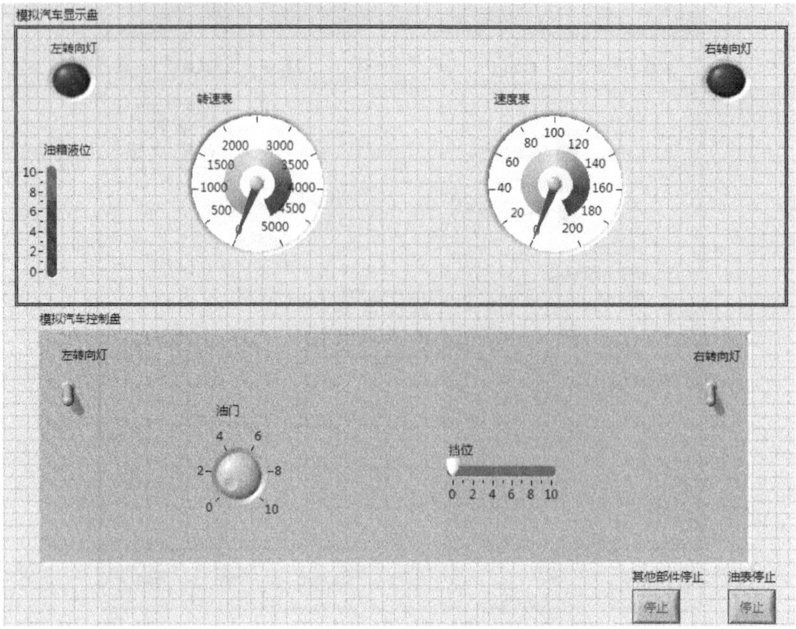

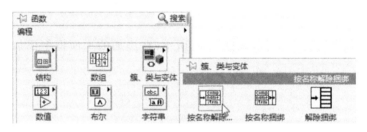

图 3-61　设计好的前面板（实例 3.7）

捆绑函数。其位置如图 3-62 所示。

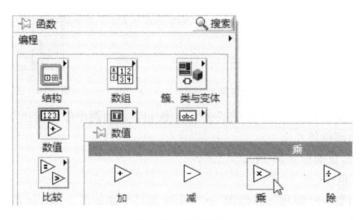

图 3-62　按名称解除捆绑的位置

　　将"模拟汽车控制盘"簇与按名称解除捆绑函数的输入端口相连,将按名称解除捆绑函数的输出端口"左转向灯"和"右转向灯"分别与"左转向灯"显示控件和"右转向灯"显示控件相连。

　　依次选择"函数"→"编程"→"数值"→"乘",添加两个乘函数。其位置如图 3-63 所示。

图 3-63　乘的位置

添加数值常量,数值分别改为"500"和"20",将按名称解除捆绑函数的油门输出端与乘函数的一端相连,"500"与另一端相连,乘函数的输出端口与转速表显示控件相连。另一个乘函数的处理类似。

将"其他部件停止"按钮与其中一个 While 循环的条件端口相连,将控件拖入到该 While循环中,如图 3-64 所示。

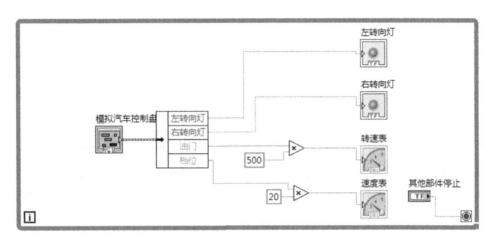

图 3-64　程序框图部分(实例 3.7)

依次选择"函数"→"编程"→"结构"→"For 循环",向另一个 While 循环中添加一个 For循环。For 循环的位置如图 3-65 所示。

右击 For 循环边框,弹出快捷菜单,执行"条件接线端"命令,如图 3-66 所示。

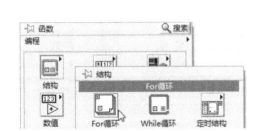

图 3-65　For 循环的位置

图 3-66　"条件接线端"命令

将"油表停止"按钮放在 For 循环内,与 For 循环的条件接线端相连,并且与 While 循环的条件接线端相连,此时会出现错误,如图 3-67 所示。右击隧道口,弹出快捷菜单,执行"隧道模式"→"最终值"命令即可,如图 3-68 所示。

在 For 循环的循环计数端口添加一个数值常量,将数值改为 10。

为 For 循环添加一对移位寄存器,右击 For 循环框架,弹出快捷菜单,执行"添加移位寄存器"命令,如图 3-69 所示。

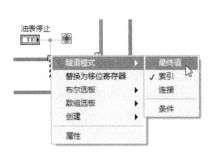

图 3-67　不能连线　　　　图 3-68　修改错误连线　　　　图 3-69　"添加移位寄存器"命令

　　为移位寄存器端口添加一数值常量 10,将油箱液位放置在 For 循环内,依次选择"函数"→"编程"→"数值"→"减 1",添加一个减 1 函数。

　　将移位寄存器端口分别与油箱液位和减 1 函数输入端口相连,将减 1 函数输出端口与移位寄存器的另一端口相连。

　　依次选择"函数"→"编程"→"定时"→"等待",添加一个延时函数,将延时时间设为 1000。

　　程序框图如图 3-70 所示。

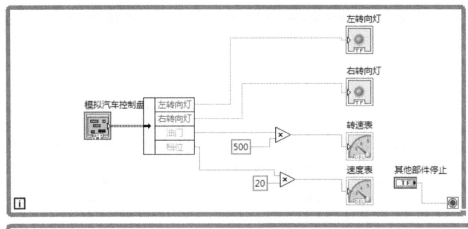

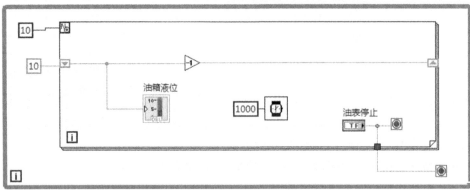

图 3-70　程序框图(实例 3.7)

（3）运行程序。

单击"运行"按钮,或使用快捷键 Ctrl+R,改变相应的输入量,观察显示控件的变化。图 3-71 所示为运行界面。

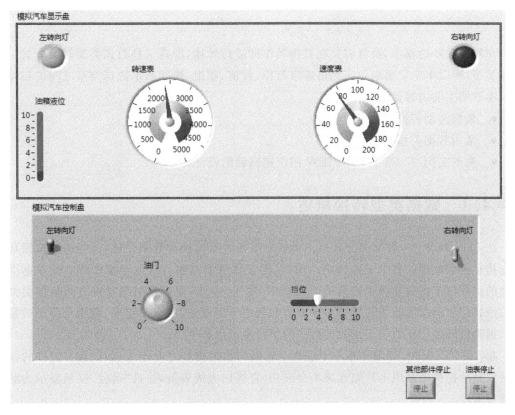

图 3-71　运行界面(实例 3.7)

习　　题

1. 说明数组和簇的区别。

2. 在前面板上创建一个 10 行 10 列的二维数组(由 0~100 以内的随机数产生),利用数组最大值、最小值函数求得这 100 个数中的最大值和最小值,并输出最大值和最小值位置的索引。

3. 创建一个 VI,产生一个包含 10 个随机数的一维数组,从该一维数组每次顺序取下五个元素构成 1 行,并最终构成一个 2 行 5 列的二维数组。

4. 任意创建一数组,对数组内所有元素进行加和乘运算。

第❹章　数据类型转换

在程序设计过程中,经常需要在数据类型间进行转换,即将一种数据类型转换为另一种数据类型,所以本章主要通过实例讲解字符串、数值、数组、簇和布尔数据类型之间的相互转换。本章的主要内容如下:

- 数据类型转换概述;
- 常用数据类型转换;
- 典型实例——基于 LabVIEW 四位密码锁的设计。

4.1　数据类型转换概述

在 LabVIEW 中,数据类型转换主要依靠数据类型转换函数来完成,这些函数按照功能被安排在函数面板的各个子面板中。例如,用于数值型对象与其他对象之间进行数据类型转换的函数位于函数面板中的数值子面板中,用于字符串型与数值型对象之间数据类型转换的函数位于函数面板中的字符串子面板和数值子面板中,用于字符串、数组及路径对象之间数据类型转换的函数位于函数面板中的字符串子面板中。

在 LabVIEW 中,如果在根本不能相互转换的数据类型之间连线(如把数字控件的输出连接到显示控件的数组上),则连接不会成功,直线以虚线表示,并且"运行"按钮显示为断裂的箭头形状。

4.2　常用数据类型转换

4.2.1　数值至字符串转换与字符串至数值转换

数值与字符串之间的转换函数位于函数面板中的字符串子面板中,如图 4-1 所示,本小节主要通过实例介绍数值与字符串对象之间的转换。

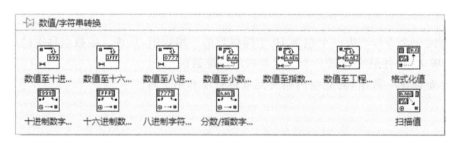

图 4-1　字符串子面板中的数值/字符串转换函数

【实例 4.1】　数值至字符串的转换。

(1)任务要求:利用转换函数将十进制数转换为十进制数字符串和十六进制数字符串,

并输出结果。

（2）任务实现步骤如下。

① 设计前面板。

依次选择"控件"→"新式"→"数值"→"数值输入控件"，添加两个数值输入控件，将标签改为"十进制数值 1"和"十进制数值 2"。

依次选择"控件"→"新式"→"字符串与路径"→"字符串显示控件"，添加两个字符串显示控件，将标签改为"十进制数字符串"和"十六进制数字符串"。

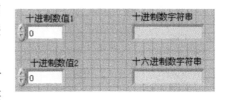

图 4-2　设计好的前面板（实例 4.1）

设计好的前面板如图 4-2 所示。

② 设计程序框图。

依次选择"函数"→"编程"→"字符串"→"数值/字符串转换"→"数值至十进制数字符串转换"，添加一个数值至十进制数字符串转换函数。数值至十进制数字符串转换的位置如图 4-3 所示。

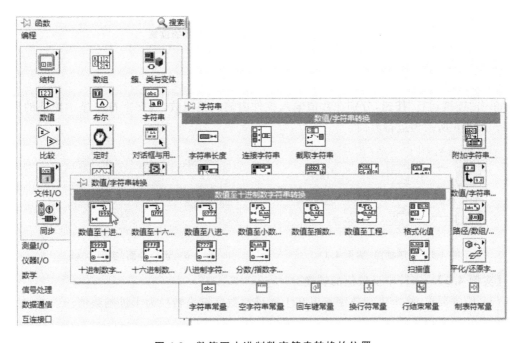

图 4-3　数值至十进制数字符串转换的位置

依次选择"函数"→"编程"→"字符串"→"数值/字符串转换"→"数值至十六进制数字符串转换"，添加一个数值至十六进制数字符串转换函数。数值至十六进制数字符串转换的位置如图 4-4 所示。

将"十进制数值 1"输出端口与数值至十进制数字符串转换函数的"数字"端口相连，将"十进制数值 2"输出端口与数值至十六进制数字符串转换函数的"数字"端口相连。

将数值至十进制数字符串转换函数的输出端口"十进制整型字符串"与"十进制数字符串"的字符串显示控件的输入端口相连；将数值至十六进制数字符串转换函数的输出端口"十六进制整型字符串"与"十六进制数字符串"的字符串显示控件的输入端口相连。

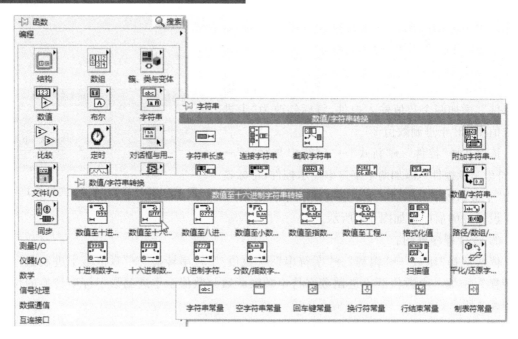

图 4-4　数值至十六进制数字符串转换的位置

程序框图如图 4-5 所示。

（3）运行程序。

单击"连续运行"按钮,分别在数值输入控件内输入整型数,观察字符串显示控件的显示结果。图 4-6 所示为运行界面。

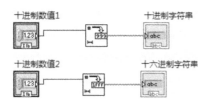

图 4-5　程序框图（实例 4.1）

图 4-6　运行界面（实例 4.1）

【实例 4.2】　字符串至数值的转换。

（1）任务要求:将十进制数字符串和十六进制数字符串转换为十进制数值。

（2）任务实现步骤如下。

① 设计前面板。

图 4-7　设计好的前面板（实例 4.2）

依次选择"控件"→"新式"→"字符串与路径"→"字符串输入控件",添加两个字符串输入控件,将标签改为"十进制数字符串"和"十六进制数字符串"。

依次选择"控件"→"新式"→"数值"→"数值显示控件",添加两个数值显示控件,将标签改为"数值 1"和"数值 2"。

设计好的前面板如图 4-7 所示。

② 设计程序框图。

依次选择"函数"→"编程"→"字符串"→"数值/字符串转换"→"十进制数字符串至数

值转换"，添加一个十进制数字符串至数值转换函数。十进制数字符串至数值转换的位置如图 4-8 所示。

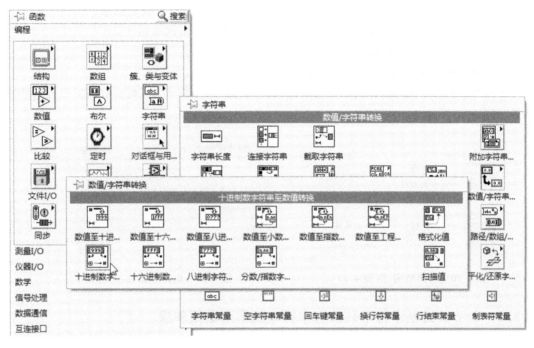

图 4-8 十进制数字符串至数值转换的位置

依次选择"函数"→"编程"→"字符串"→"数值/字符串转换"→"十六进制数字符串至数值转换"，添加一个十六进制数字符串至数值转换函数。十六进制数字符串至数值转换的位置如图 4-9 所示。

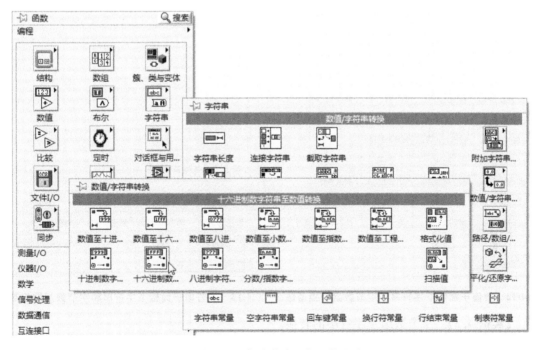

图 4-9 十六进制数字符串至数值转换的位置

将"十进制数字符串"输出端与十进制数字符串至数值转换函数的"字符串"输入端相连,将该转换函数的"数字"输出端与"数值1"数值显示控件输入端相连。

将"十六进制数字符串"输出端与十六进制数字符串至数值转换函数的"字符串"输入端相连,将该函数的"数字"输出端与"数值2"数值显示控件的输入端相连。

程序框图如图 4-10 所示。

（3）运行程序。

单击"连续运行"按钮,分别在字符串输入框内输入任意字符串,观察数值显示控件中的结果。图 4-11 所示为运行界面。

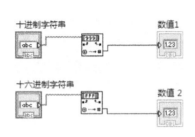

图 4-10　程序框图（实例 4.2）　　　　　　图 4-11　运行界面（实例 4.2）

4.2.2　字节数组至字符串转换与字符串至字节数组转换

字节数组至字符串转换与字符串至字节数组转换函数位于函数面板的数值子面板和字符串子面板下,如图 4-12 和图 4-13 所示。

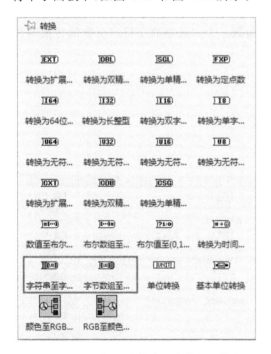

图 4-12　数值子面板下字符串和字节数组转换函数　　4-13　字符串子面板下字符串和字节数组转换函数

【实例 4.3】　字节数组至字符串的转换。

（1）任务要求:将字节数组转换为字符串并输出。

（2）任务实现步骤如下。

① 设计前面板。

依次选择"控件"→"新式"→"数组、矩阵与簇"→"数组",添加一个数组框架,将标签改为"数组"。

依次选择"控件"→"新式"→"数值"→"数值输入控件",添加一个数值输入控件。将该控件的表示法改为"无符号单字节整型",如图 4-14 所示,将该控件显示格式改为"十六进制",如图 4-15 所示。

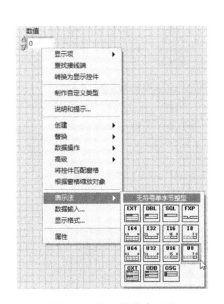

图 4-14　修改控件表示法　　　　　　　图 4-15　修改控件显示格式

将数值输入控件拖到数组框架中,并将数组成员数增加至 5 列。

依次选择"控件"→"新式"→"字符串与路径"→"字符串显示控件",添加一个字符串显示控件。右击字符串显示控件,弹出快捷菜单,执行"十六进制显示"命令。

设计好的前面板如图 4-16 所示。

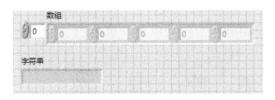

图 4-16　设计好的前面板(实例 4.3)

② 设计程序框图。

依次选择"函数"→"编程"→"字符串"→"路径/数组/字符串转换"→"字节数组至字符串转换",添加一个字节数组至字符串转换函数。其位置如图 4-17 所示。

将字节数组输出端与字节数组至字符串转换函数的输入端相连,将该转换函数的输出端与字符串显示控件的输入端相连。

程序框图如图 4-18 所示。

(3) 运行程序。

单击"连续运行"按钮,在数组中输入各成员的值,观察字符串显示控件的结果。运行界面如图 4-19 所示。

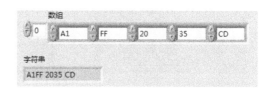

图 4-17　字节数组至字符串转换的位置

图 4-18　程序框图（实例 4.3）　　　　　图 4-19　运行界面（实例 4.3）

字符串至字节数组转换与字节数组至字符串转换类似，所以，这里不再举例说明。

4.2.3　数组至簇转换与簇至数组转换

数组至簇转换函数与簇至数组转换函数位于函数面板的簇、类与变体子面板中，或位于数组面板的子面板中，其位置如图 4-20 和图 4-21 所示。

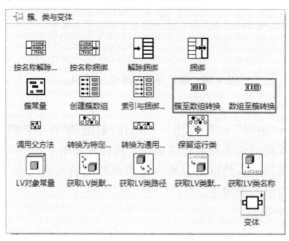

图 4-20　簇、类与变体子面板下簇与数组转换函数

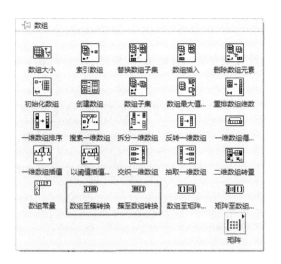

图 4-21　数组子面板下簇与数组转换函数

【实例 4.4】　数组至簇的转换。

（1）任务要求：利用数组至簇转换函数将一个数组数据转换为簇数据。

（2）任务实现步骤如下。

① 设计前面板。

依次选择"控件"→"新式"→"数组、矩阵与簇"→"数组"，添加一个数组框架。

依次选择"控件"→"新式"→"数值"→"垂直指针滑动杆"，向数组框架中添加一个垂直指针滑动杆，将数组成员增加至 4 列。

依次选择"控件"→"新式"→"数组、矩阵与簇"→"簇"，添加一个簇框架。

依次选择"控件"→"新式"→"数值"→"数值显示控件"，向簇框架中添加四个数值显示控件。

设计好的前面板如图 4-22 所示。

② 设计程序框图。

依次选择"函数"→"编程"→"数组"→"数组至簇转换"，添加一个数组至簇转换函数。

右击数组至簇转换函数，弹出快捷菜单，执行"簇大小"命令，在弹出的对话框中修改输出簇中元素的数量，将数组至簇转换函数的输出端簇中元素的数量改为"4"，如图 4-23 所示。

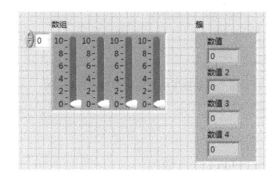

图 4-22　设计好的前面板（实例 4.4）

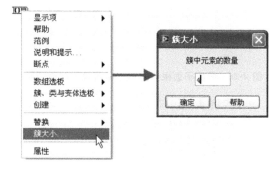

图 4-23　修改输出端簇中元素的数量

将数组输出端与数组至簇转换函数的输入端相连，将该函数的输出端与簇的输入端相连。

程序框图如图 4-24 所示。

（3）运行程序。

单击"连续运行"按钮，改变垂直滑动杆的值，观察显示控件的值。运行界面如图 4-25 所示。

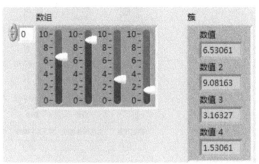

图 4-24　程序框图（实例 4.4）　　　　图 4-25　运行界面（实例 4.4）

簇至数组转换和数组至簇转换类似，这里不再举例说明。

4.2.4　数值至布尔数组转换与布尔数组至数值转换

数值至布尔数组转换函数与布尔数组至数值转换函数位于函数面板下的数值子面板或者布尔子面板下，如图 4-26 和图 4-27 所示。

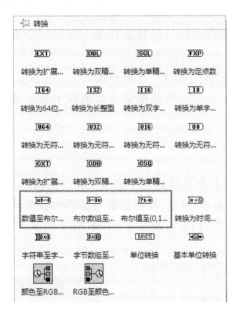

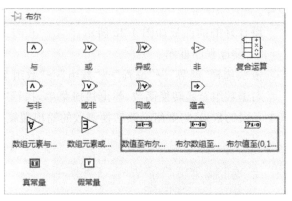

图 4-26　数值子面板下数值与布尔数组转换函数　图 4-27　布尔子面板下数值与布尔数组转换函数

【实例 4.5】　布尔数组至数值的转换。

（1）任务要求：将布尔数组转换为数值并显示。

（2）任务实现步骤如下。

① 设计前面板。

依次选择"控件"→"新式"→"布尔"→"滑动开关"，添加两个滑动开关控件，将标签改为"开关 1"和"开关 2"。

依次选择"控件"→"新式"→"数值"→"数值显示控件"，添加一个数值显示控件。

设计好的前面板如图 4-28 所示。

② 设计程序框图。

依次选择"函数"→"编程"→"数组"→"创建数组"，添加一个创建数组函数，将创建数组函数的端口数设置为两个。

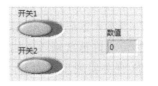

图 4-28　设计好的前面板（实例 4.5）

依次选择"函数"→"编程"→"数值"→"转换"→"布尔数组至数值转换"，添加一个布尔数组至数值转换函数。布尔数组至数值转换的位置如图 4-29 所示。

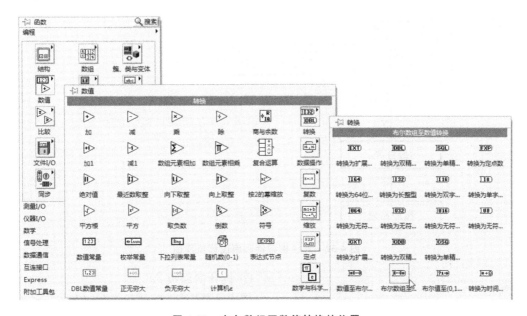

图 4-29　布尔数组至数值转换的位置

将两个布尔开关的输出端与创建数组的输入端分别相连，创建数组的输出端与布尔数组至数值转换函数的输入端相连，将布尔数组至数值转换函数的输出端与数值显示控件的输入端相连。

程序框图如图 4-30 所示。

（3）运行程序。

单击"连续运行"按钮，改变布尔量的值，开关处于不同的位置，数值显示控件显示 0、1、2 或 3。图 4-31 所示为运行界面。

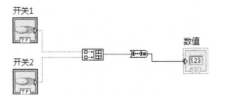

图 4-30　程序框图（实例 4.5）

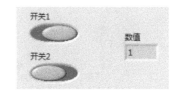

图 4-31　运行界面（实例 4.5）

 ## 4.3　典型实例——基于 LabVIEW 的四位密码锁的设计

【实例 4.6】　基于 LabVIEW 的四位密码锁的设计。

（1）任务要求：利用 LabVIEW 设计一个四位密码锁，当输入密码正确时，绿灯亮，并退出程序；当输入密码错误时，红灯亮，当连续五次输入密码错误时，界面转化为忙碌状态，等待 10 秒后允许再次输入密码。

（2）任务实现步骤如下。

① LabVIEW 四位密码锁程序设计流程图如图 4-32 所示。

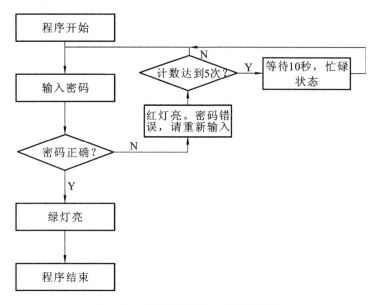

图 4-32 四位密码锁程序设计流程图

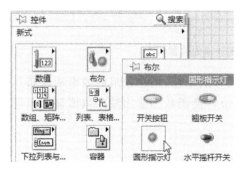

图 4-33 圆形指示灯的位置

② 设计前面板。

依次选择"控件"→"新式"→"布尔"→"圆形指示灯"，添加两个圆形指示灯，将标签分别改为"密码正确"和"密码错误"。圆形指示灯的位置如图 4-33 所示。将"密码错误"的指示灯开着时的颜色设置为红色。

依次选择"控件"→"新式"→"字符串与路径"→"字符串输入控件"，添加一个字符串输入控件，将标签改为"输入密码"，将输入字符串的显示状态设为"密码显示"。字符串输入控件的位置如图 4-34 所示。

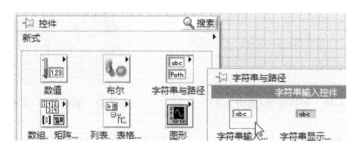

图 4-34 字符串输入控件的位置

依次选择"控件"→"新式"→"布尔"→"确定按钮",添加一个确定按钮,将布尔文本改成"OK",确定按钮的位置如图 4-35 所示。

图 4-35 确定按钮的位置

依次选择"控件"→"新式"→"修饰"→"平面框",添加一个平面框,将添加的控件框起来。平面框的位置如图 4-36 所示。

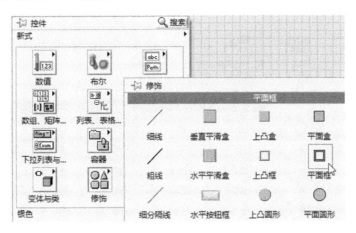

图 4-36 平面框的位置

利用工具面板中的文字工具添加文字"四位密码锁"。

设计好的前面板如图 4-37 所示。

③ 设计程序框图。

依次选择"函数"→"编程"→"结构"→"While 循环",添加一个 While 循环,其位置如图 4-38 所示。

创建"密码错误"指示灯和"密码正确"指示

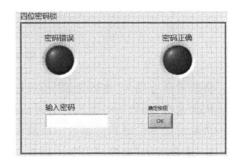

图 4-37 设计好的前面板(实例 4.6)

灯的局部变量。右击任一指示灯,弹出快捷菜单,执行"创建"→"局部变量"命令,如图 4-39 所示。

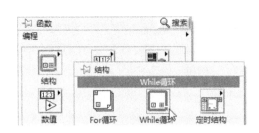

图 4-38 While 循环的位置

图 4-39 "创建"→"局部变量"命令

依次选择"函数"→"编程"→"布尔"→"假常量",创建一个假常量,其位置如图 4-40 所示。

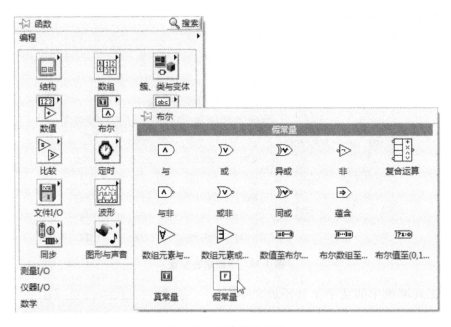

图 4-40 假常量的位置

将假常量分别与"密码错误"指示灯和"密码正确"指示灯的局部变量相连。

依次选择"函数"→"编程"→"对话框与用户界面"→"光标"→"取消设置忙碌状态",添加一个取消设置忙碌状态函数。取消设置忙碌状态的位置如图 4-41 所示。

将"确定按钮"拖拽到 While 循环内,并依次选择"函数"→"编程"→"结构"→"条件结构",在 While 循环内添加一个条件结构,其位置如图 4-42 所示。

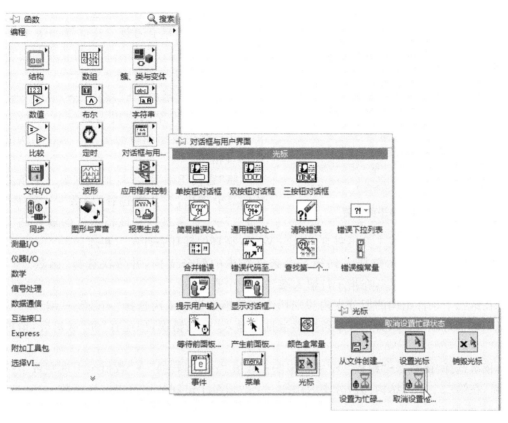

图 4-41　取消设置忙碌状态的位置

　　将"确定按钮"与条件结构的条件端口相连。将"输入密码"字符串拖拽到条件端口内，然后依次选择"函数"→"编程"→"字符串"→"字符串常量"，添加一个字符串常量，在字符串常量内输入"abcd"作为原始密码。字符串常量的位置如图 4-43 所示。

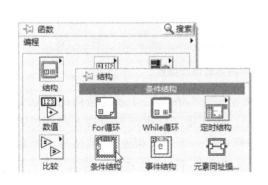

图 4-42　条件结构的位置　　　　　　**图 4-43　字符串常量的位置**

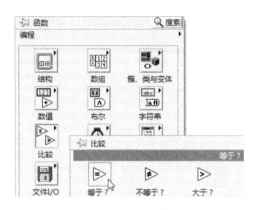

图 4-44　等于的位置

依次选择"函数"→"编程"→"比较"→"等于?",添加一个等于函数。其位置如图 4-44 所示。将"输入密码"字符串和字符串常量分别连接等于函数的上下两个输入端口。

依次选择"函数"→"编程"→"结构"→"条件结构",在条件结构内再添加一个条件结构,将等于函数的输出端口与第二个条件结构的条件端口相连。

将"密码正确"指示灯拖入到第二个条件结构的真分支内,并依次选择"函数"→"编程"→"布尔"→"真常量",在该指示灯的输入端口添加一个真常量。用连线工具再将真常量与 While 循环的循环条件端口相连。

将"密码错误"指示灯拖入到第二个条件结构的假分支内,并依次选择"函数"→"编程"→"布尔"→"真常量",在指示灯输入端添加一个真常量。

在第二个条件结构的假分支内添加两个字符串常量。依次选择"函数"→"编程"→"字符串"→"字符串常量",分别在字符串常量框内输入"密码错误,您还有"和"次机会,请重新输入"。

依次选择"函数"→"编程"→"字符串"→"数值/字符串转换"→"数值至十进制数字符串转换",在第二个条件结构的假分支内添加一个数值至十进制数字符串转换函数。其位置如图 4-45 所示。

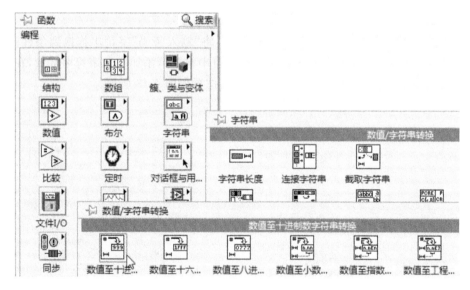

图 4-45　数值至十进制数字符串转换的位置

依次选择"函数"→"编程"→"字符串"→"连接字符串",在第二个条件结构的假分支内添加一个连接字符串函数。其位置如图 4-46 所示。将连接字符串函数的输入端口扩展为三个,将"密码错误,您还有"字符串常量与连接字符串第一个端口相连,将数值至十进制数字符串转换函数的输出端口与连接字符串第二个端口相连,将"次机会,请重新输入"字符串常量与连接字符串第三个端口相连。

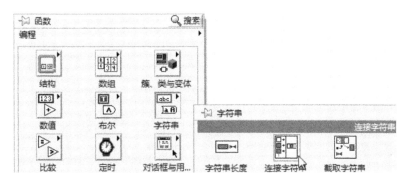

图 4-46　连接字符串的位置

依次选择"函数"→"编程"→"对话框与用户界面"→"显示对话框信息",添加一个显示对话框信息函数。其位置如图 4-47 所示。将连接字符串函数的输出端口与显示对话框信息的"消息"端口相连。

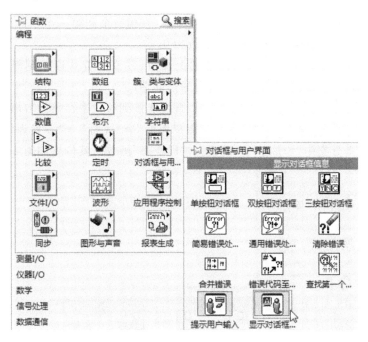

图 4-47　显示对话框信息的位置

依次选择"函数"→"编程"→"结构"→"条件结构",在 While 循环中添加第三个条件结构。

在 While 循环中添加一个移位寄存器,右击 While 循环边框,弹出快捷菜单,执行"添加移位寄存器"命令,如图 4-48 所示。

依次选择"函数"→"编程"→"数值"→"数值常量",在 While 循环外添加一个数值常量,将常量值改为 5。将数值常量的输出端口与移位寄存器左端相连。

依次选择"函数"→"编程"→"数值"→"减 1",在第二个条件结构中添加一个减 1 函数。其位置如图 4-49 所示。

将移位寄存器左端与减 1 函数的输入端口相连,减 1 函数的输出端口分别连到数值至十进制数字符串转换函数的"数字"端和第三个条件结构的边框。

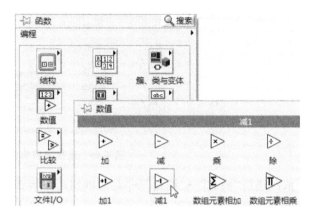

图 4-48 "添加移位寄存器"命令　　　　　　　图 4-49 减 1 的位置

依次选择"函数"→"编程"→"比较"→"等于?",在第三个和第一个条件结构之间添加一个等于函数。添加一个数值常量,将常量值改为 0。

将减 1 函数输出端口连接到等于函数的上端口,数值常量 0 连接到等于函数下端口。等于函数的输出端口连接到第三个条件结构的条件端口。

在第三个条件结构的假分支中不做处理,直接连接到移位寄存器的右端。

依次选择"函数"→"编程"→"对话框与用户界面"→"光标"→"设置为忙碌状态",在第三个条件结构的真分支中,添加一个"设置为忙碌状态"函数。其位置如图 4-50 所示。

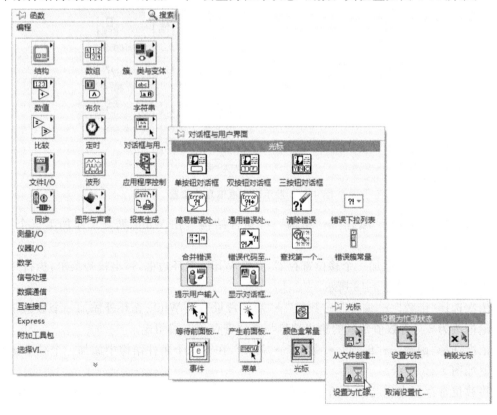

图 4-50 设置为忙碌状态的位置

依次选择"函数"→"编程"→"定时"→"等待",在第三个条件结构真分支中添加一个等待函数。其位置如图 4-51 所示。将等待的时间设置为"10000"。

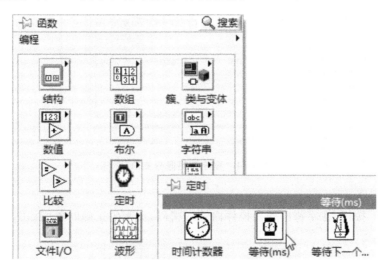

图 4-51　等待的位置

依次选择"函数"→"编程"→"对话框与用户界面"→"显示对话框信息",在第三个条件结构真分支中添加一个显示对话框信息函数。

依次选择"函数"→"编程"→"字符串"→"字符串常量",在第三个条件结构真分支中添加一个字符串常量,将字符串常量改为"请等待 10 秒后重新输入"。将字符串常量输出端口与显示对话框信息的"消息"端口相连。

依次选择"函数"→"编程"→"数值"→"数值常量",在第三个条件结构的真分支中创建一个数值常量,将数值常量的值改为"5",与移位寄存器的右端口相连。

将程序框图中未连接的边框通道全部使用"未连线时使用默认"来处理,即右击未连线端口,弹出快捷菜单,执行"未连线时使用默认"命令,如图 4-52 所示。

程序框图如图 4-53 和图 4-54 所示。

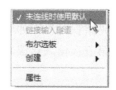

图 4-52　"未连线时使用默认"命令

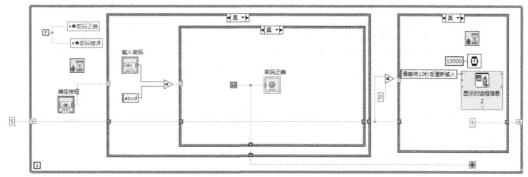

图 4-53　程序框图真分支部分

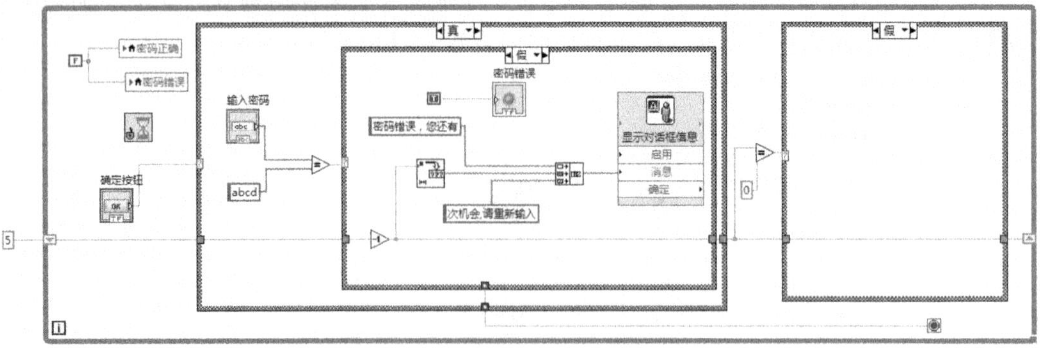

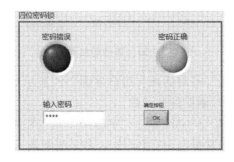

图 4-54　程序框图假分支部分

（3）运行程序。

单击"运行"按钮,在字符串输入控件内输入密码,当密码正确时界面如图 4-55 所示。

图 4-55　密码正确时的界面

当密码错误时界面如图 4-56 所示。

密码第五次输入错误时出现的界面如图 4-57 所示。

图 4-56　密码错误时的界面

图 4-57　密码第五次输入错误时出现的界面

习　　题

1. 设计一个 VI,将一个簇数据转换为数组数据。

2. 设计一个 VI,将数值转换为布尔数组显示,并用布尔灯显示出来。

3. 设计一个 VI,将布尔数据转化为 0 或 1 显示。

4. 设计一个 VI,将一个字符串转换为文件路径,将文件路径转换为字符串。

第5章 程序结构

程序结构对任何一种计算机编程语言来说都十分重要,它控制着整个程序语言的执行过程,一个好的程序结构,可以大大提高程序的执行效率。本章将通过理论和实例来介绍 LabVIEW 程序框图设计中的程序结构,包括 For 循环结构、While 循环结构、条件结构、顺序结构、事件结构和禁用结构的创建与使用。本章的主要内容如下:

- 程序结构的概述;
- 循环结构;
- 条件结构;
- 顺序结构;
- 事件结构;
- 禁用结构;
- 典型实例——基于 LabVIEW 交通灯的设计。

5.1 程序结构的概述

LabVIEW 作为一种图形化的高级程序开发语言,为用户提供了多种用来控制程序流程的结构,例如顺序结构、条件结构、循环结构等框架。

流程控制具有结构化的特征,也正是这些用于流程控制的机制使得 LabVIEW 结构化的程序设计成为可能。同时,LabVIEW 也支持事件结构这种面向对象特征的程序流程控制方式,当利用事件结构来设计程序时,用户可以将设计的重点放在对各种事件的响应上面,这样可以简化流程控制。熟练地运用程序结构,可以提高程序设计的效率,高效地完成 LabVIEW 的程序设计。

5.2 循环结构

5.2.1 For 循环结构

1. For 循环的构成

For 循环是按照预先设定的次数执行循环结构内子程序的一种结构,当循环次数达到预先设定次数时,跳出循环体。For 循环结构位于函数面板的结构子面板下,如图 5-1 所示。选中 For 循环后,将鼠标指针移到程序框图中,此时鼠标指针变为缩小的 For 循环的样子,在程序框图的适当位置单击,拖拽鼠标,在适当位置再次单击,则在程序框图中创建了一个空白的 For 循环结构,如图 5-2 所示。

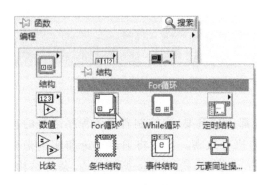

图 5-1　For 循环的位置

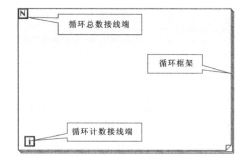

图 5-2　空白 For 循环结构

最基本的 For 循环结构由循环总线接线端 N、循环计数接线端 i 和循环框架组成,如图 5-2 所示,与之等效的 C 语言程序代码如下。

```
For{i= 0;i< N;i+ + }
    {
        循环体;
    }
```

For 循环执行的是包含在循环框架内的程序节点。向循环框架中添加程序有两种方法:一种是将对象拖拽到循环结构内;另一种是用循环结构将已经存在的对象包围起来。图 5-3 所示为两种向循环结构内添加对象的方法。

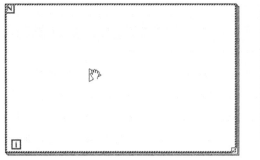

图 5-3　For 循环中两种添加对象的方法

2. For 循环的执行过程

下面将通过一个实例来说明 For 循环的执行过程。

【实例 5.1】 利用随机数在 For 循环内产生 10 个随机数,并输出至数组显示控件中。

(1) 任务要求:利用随机数在 For 循环内产生 10 个随机数,并输出至数组显示控件中。

(2) 任务实现步骤如下。

① 设计前面板。

依次选择"控件"→"新式"→"数组、矩阵与簇"→"数组",添加一个数组框架,将标签改为"随机数输出"。

依次选择"控件"→"新式"→"数值"→"数值显示控件",向数组框架中添加一个数值显示控件,将数组成员设置为 10 列。

依次选择"控件"→"新式"→"数值"→"数值显示控件",添加一个数值显示控件,将标签改为"循环计数"。

设计好的前面板如图 5-4 所示。

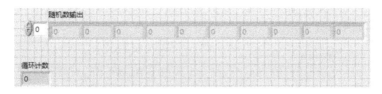

图 5-4　设计好的前面板(实例 5.1)

② 设计程序框图。

依次选择"函数"→"编程"→"结构"→"For 循环",添加一个 For 循环。其位置如图 5-5 所示。
在 For 循环的循环总数接线端创建一个常量,将常量值设为 10。

将 For 循环的循环计数接线端与"循环计数"的数值显示控件的输入端相连。

依次选择"函数"→"编程"→"数值"→"随机数",向 For 循环中添加一个随机数。其位置如图 5-6 所示。

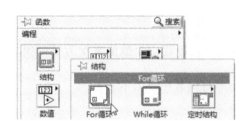

图 5-5　For 循环的位置　　　　　　　　**图 5-6　随机数的位置**

将随机数的输出端与 For 循环外的"随机数输出"数组的输入端相连。

为了控制循环执行的速率,依次选择"函数"→"编程"→"定时"→"等待",在 For 循环内添加一个延时函数,将延时值设置为"500"。

程序框图如图 5-7 所示。

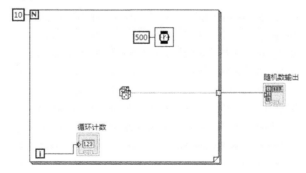

图 5-7　程序框图(实例 5.1)

（3）运行程序。

单击"运行"按钮，观察"循环计数"数值显示控件中数的变化和"随机数输出"数组中的数字。运行界面如图 5-8 所示。

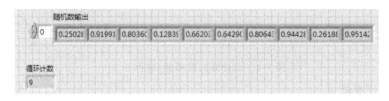

图 5-8　运行界面（实例 5.1）

由实例 5.1 可以看出 For 循环执行的过程：在开始执行前，从循环总数接线端读取循环执行的次数，然后循环计数接线端输出当前已经执行循环次数的数值（从 0 开始），接着执行循环框架内的程序代码，一个循环执行完后，如果执行的循环次数没有达到设定的次数，则继续执行，否则退出循环。如果在循环总线接线端将循环次数设置为 0，则 For 循环内的程序代码不执行。需要注意的是，在循环程序执行过程中，当改变循环总线接线端的值时将不改变循环执行次数，循环总次数为执行前读入的循环总数。

3. For 循环中时间控制

在实例 5.1 中，我们在 For 循环的循环体内加入了一个延时函数，如果不加延时函数，在循环条件满足的情况下，循环结构会以最快的速度执行循环体内的程序，即一次循环执行完后立即执行下一次循环，所以此时我们可以在循环体内添加延时函数来控制循环的执行速度。我们主要通过函数面板的定时子面板中的时间等待函数、等待下一个整数倍毫秒函数或时间延迟函数来控制执行速度。

（1）等待函数图标为　。将等待函数放入到循环体内，创建一个数值常量为延时值。等待下一个整数倍毫秒的图标为　，在时间延迟上与等待函数用法差不多。

（2）时间延迟函数图标为　。将时间延迟函数放入到循环体内，同时出现属性对话框，如图 5-9 所示，在"延迟时间"框内设置循环时间延迟即可。

图 5-9　时间延迟属性对话框

4. For 循环的执行中止

在一些文本编程语言中，可以使用 Goto 或 Exit 语句使程序从循环体中跳转到循环体外，从而中止循环。但是 LabVIEW 早期的版本，是不提供 For 循环中止循环机制的，如果要实现中止循环功能必须使用 While 循环。从 LabVIEW 8.5 开始，增加了 For 循环条件接线端，同 While 循环一样当条件满足时中止循环。右击 For 循环的循环边框，弹出快捷菜单,执行"条件接线端"命令,如图 5-10 所示,循环中出现一个条件接线端。在 For 循环中如果使用条件端口就必须连接布尔数据,否则程序会出错,无法执行。

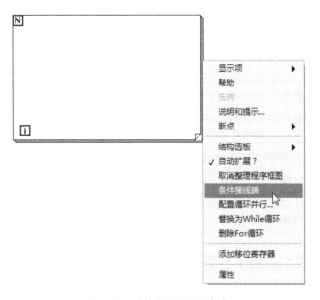

图 5-10 "条件接线端"命令

5.2.2 While 循环结构

当不确定要循环多少次时,采用 While 循环。While 循环位于函数面板下结构子面板中。While 循环的位置如图 5-11 所示。选择 While 循环,将鼠标指针移到程序框图中,此时鼠标指针变成缩小的 While 循环的样子,在适当的位置单击,然后拖拽鼠标,在合适位置再次单击,则在程序框图中建立了一个空白的 While 循环结构,如图 5-12 所示。

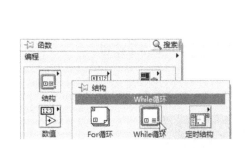

图 5-11 While 循环的位置

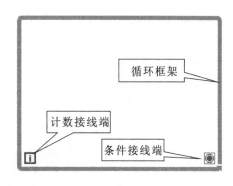

图 5-12 While 循环结构

由图 5-12 可知,While 循环结构由循环框架、计数接线端和条件接线端组成。在一个VI 中创建 While 循环的方法和创建 For 循环的方法相似,While 循环执行过程与 For 循环执行过程类似,都是执行循环框架中的程序。计数接线端表示当前的循环次数 i,i 从 0 开始计数。计数接线端是一个输出接线端。条件接线端是一个布尔量,需要接入一个布尔量,用于控制程序的停止执行或继续执行,所以条件接线端有两种状态,默认的情况下如图 5-12所示的条件接线端,接线端图标为一个绿色框包围的红色实心圆,其含义是"真(T)时停止",它表示当接入的布尔值为"真(T)"时,循环停止执行,否则继续执行;将鼠标指针放在条件端口上,当鼠标指针变成 时,单击,切换为另一种状态,接线端图标变成了一个绿色框包围的带箭头的圆弧,它的含义是"真(T)时继续",它表示当接入的布尔值为"真(T)"时,循环继续执行,否则循环停止。

While 循环在执行过程中,首先计数接线端输出当前执行的循环次数,循环框架内的程序开始执行,框架内的所有代码执行完成后,循环计数器的值加 1,根据流入条件接线端的布尔型数据判断是否继续执行循环。需要注意的一点是程序在进入 While 循环后将不再理会循环框架外的数据变化,因此产生循环终止条件的数据源(如停止按钮)一定要在循环框内,否则会陷入死循环。

下面通过一个实例说明 While 循环的用法。

【实例 5.2】 利用随机数在波形图表上画出随机曲线。

(1)任务要求:利用随机数在波形图表上画出随机曲线。

(2)任务实现步骤如下。

① 设计前面板。

依次选择"控件"→"新式"→"图形"→"波形图表",添加一个波形图表。其位置如图 5-13 所示。

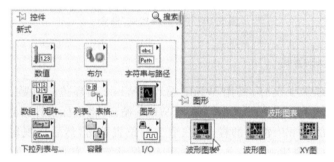

图 5-13　波形图表的位置

依次选择"控件"→"新式"→"数值"→"数值显示控件",添加两个数值显示控件,将标签分别改为"循环次数"和"当前值"。

依次选择"控件"→"新式"→"布尔"→"停止按钮",添加一个停止按钮。

设计好的前面板如图 5-14 所示。

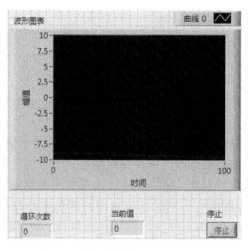

图 5-14　设计好的前面板(实例 5.2)

② 设计程序框图。

依次选择"函数"→"编程"→"结构"→"While 循环",添加一个 While 循环。

将"循环次数"数值显示控件放在 While 循环内,并与计数接线端相连。

将"停止"按钮放在 While 循环内,并与 While 循环的条件端口相连。

依次选择"函数"→"编程"→"数值"→"随机数",在 While 循环内添加一个随机数。

将随机数的输出端分别与波形图表和"当前值"数值显示控件的输入端相连。

依次选择"函数"→"编程"→"定时"→"等待",添加一个等待函数,将值设为 1000。

程序框图如图 5-15 所示。

(3) 运行程序。

单击"运行"按钮,观察波形图表中的曲线和两个显示控件中的数值。运行界面如图 5-16所示。

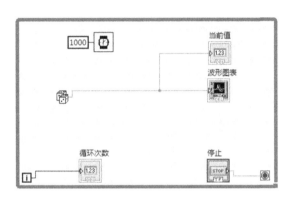

图 5-15 程序框图(实例 5.2)

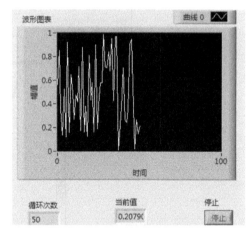

图 5-16 运行界面(实例 5.2)

5.2.3 移位寄存器

为了实现将上一次循环完成时的结果传递到下一个循环的开始,在 LabVIEW 循环结构中引入了移位寄存器的概念。移位寄存器就是将 i-1 次、i-2 次、i-3 次……循环计算的结果保存在循环的缓冲区中,并在第 i 次循环时将这些数据从循环框架左侧的移位寄存器中送出,供循环框架中节点使用。

右击循环框架,弹出快捷菜单,执行"添加移位寄存器"命令,可以在循环结构上创建一个移位寄存器。图 5-17 所示为在 For 循环和 While 循环中添加的移位寄存器。如果有必要,可以在循环结构中添加多个移位寄存器。由图 5-17 可知,移位寄存器分为左、右两个端子,其中左端子为向下的箭头,右端子为向上的箭头。移位寄存器端子的颜色由接入的数据类型决定。右端子在每一次循环结束时传入数据,然后将这一数据在下一次循环开始前传给

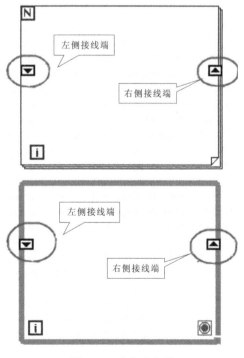

图 5-17 移位寄存器

左端子,这样就可以从左端得到前一次循环结束前保存在右端子的值。一般情况下,为避免出现错误,建议为移位寄存器左端子提供一个明确的初始值,即初始化移位寄存器。

　　一个移位寄存器可以有多个左端子,但是只能有一个右端子。右击移位寄存器的左端子或右端子,执行快捷菜单中"添加元素"命令,或向上、向下拖拽左端子,改变它的尺寸,均可创建多个左端子,如图 5-18 所示。在有多个左端子的情况下,多个左端子将保留前面多次循环的数据,从上到下依次为 i-1 次、i-2 次、i-3 次……循环的数据。执行快捷菜单中的"删除元素"命令,可以删除左端子,也可以反方向拖拽左端子,删除没有连线的多余左端子。如果执行"删除全部"命令,则将删除该移位寄存器。

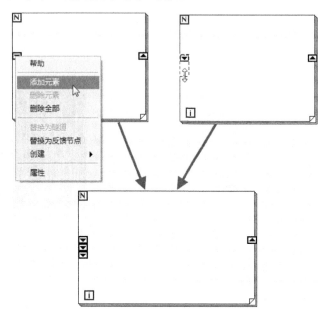

图 5-18　为移位寄存器添加多个左端子

下面通过一个实例来说明移位寄存器的使用。

【实例 5.3】　输入数值 n,计算 n!。

(1)任务要求:设计一个 VI,输入数值 n,计算 n!。

(2)任务实现步骤如下。

图 5-19　设计好的前面板(实例 5.3)

① 设计前面板。

依次选择"控件"→"新式"→"数值"→"数值输入控件",添加一个数值输入控件,将标签改为"数值 n"。

依次选择"控件"→"新式"→"数值"→"数值显示控件",添加一个数值显示控件,将标签改为"n! 的值"。

设计好的前面板如图 5-19 所示。

② 设计程序框图。

依次选择"函数"→"编程"→"结构"→"For 循环",添加一个 For 循环。

将"数值 n"输入控件与 For 循环的循环总线接线端相连。右击 For 循环框架,执行快捷菜单中的"添加移位寄存器"命令,在 For 循环框架上添加一个移位寄存器。

初始化移位寄存器,在 For 循环外添加一个数值常量,即依次选择"函数"→"编程"→"数值"→"数值常量",将数值大小改为 1,并与移位寄存器的左端口相连。

依次选择"函数"→"编程"→"数值"→"加 1",在 For 循环内添加一个加 1 函数,将 For

循环的循环计数接线端与加 1 函数的输入端口相连。

依次选择"函数"→"编程"→"数值"→"乘",添加一个乘函数,将移位寄存器的左端口与乘函数的一输入端口相连,将加 1 函数的输出端口与乘函数的另一端口相连。

将乘函数的输出端口与移位寄存器的右端口相连。

将移位寄存器的右端口与"n! 的值"的数值显示控件的输入端相连。

程序框图如图 5-20 所示。

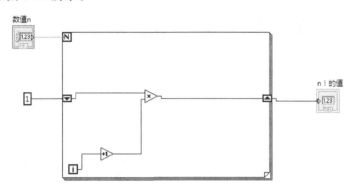

图 5-20 程序框图(实例 5.3)

(3)运行程序。

单击"连续运行"按钮,在"数值 n"输入控件内输入数值,观察"n! 的值"显示控件显示的结果,这里我们输入 5,即求 5! 的结果,运行界面如图 5-21 所示。

图 5-21 运行界面(实例 5.3)

5.3 条件结构

5.3.1 条件结构的组成和建立

条件结构也是 LabVIEW 的基本结构之一,它相当于 C 语言中的 if…else…和 switch 语句,主要用来控制在不同条件下执行不同的程序块。条件结构位于函数面板下的结构子面板中。

由图 5-22 可知条件结构由条件选择端口、选择框架、当前框架标识符、框架切换按钮组成。条件结构中包含多个子框图,每个子框图的程序代码与一个条件选项对应。这些子框图叠在一起,一次只能看到一个。

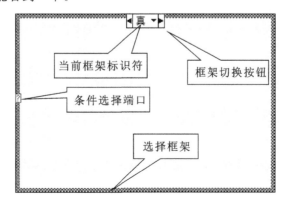

图 5-22 条件结构的组成

虽然 LabVIEW 中的条件结构和 C 语言中的 if … else … 语句、switch 语句类似,但是 LabVIEW 中条件结构的用法比较灵活,条件选择端口的外部控制条件的数据类型包括布尔型、数字整型、字符串型等。

当控制条件为布尔型的时候,条件结构的框图标识符的值只有真假两个选项,如图 5-23 所示。

当控制条件为数字整型时,条件结构的框图标识符的值为整数 0、1、2……框架的实际个数可以根据具体的程序要求来选择。为该条件结构添加分支时,右击选择框架,执行快捷菜单中的"在后面添加分支"命令或"在前面添加分支"命令,如图 5-24 所示。

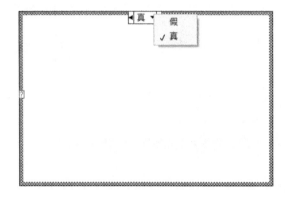

图 5-23　控制条件为布尔型

图 5-24　"在后面添加分支"命令和"在前面添加分支"命令

当 VI 处于编辑状态时,单击递增/递减按钮可将当前的选择框架切换到前一个或后一个选择框架,或者单击"框架切换按钮",可在下拉菜单中选择切换到任意一个框架。

5.3.2　条件结构内部与外部的数据交换

条件结构和外部进行数据交换是通过隧道来完成的。向条件结构边框内输入数据时,各个子程序框图连接或不连接这个数据隧道都可以,隧道都是实心的;但是从条件结构边框向外输出数据时,各个子程序框图都必须连接数据隧道,否则隧道图标是空的,程序是不能运行的,如图 5-25 所示。如果允许连线的子程序框图输出默认值,则可以在隧道上右击执行快捷菜单中的"未连线时使用默认"命令,在这种情况下,程序执行到没有为输出隧道连线的程序框图时,就输出相应数据类型的默认值。

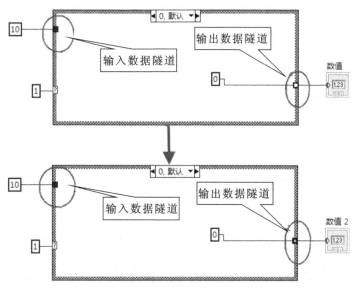

图 5-25　条件结构与外部的数据交换

5.3.3　条件结构的应用举例

【实例 5.4】　通过滑动杆改变数值大小,当该数值大于某一常数时红灯亮,正常情况下绿灯亮。

(1) 任务要求:通过滑动杆改变数值大小,当该数值大于某一常数时红灯亮,正常情况下绿灯亮。

(2) 任务实现步骤如下。

① 设计前面板。

依次选择"控件"→"新式"→"数值"→"水平指针滑动杆",添加一个水平指针滑动杆。

依次选择"控件"→"新式"→"数值"→"数值显示控件",添加一个数值显示控件。

依次选择"控件"→"新式"→"布尔"→"圆形指示灯",添加两个布尔灯,将标签改为"红灯"和"绿灯"。

修改布尔灯的属性,将"红灯"改为开时的颜色为红色。

设计好的前面板如图 5-26 所示。

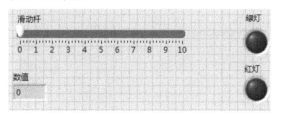

图 5-26　设计好的前面板(实例 5.4)

② 设计程序框图。

依次选择"函数"→"编程"→"比较"→"大于等于",添加一个大于等于函数。

将水平指针滑动杆的输出端分别与数值显示控件的输入端和大于等于函数的上端口相连。

依次选择"函数"→"编程"→"数值"→"数值常量",创建一个数值常量,将数值常量改为"5",将数值常量的输出端口与大于等于函数的下端口相连。

依次选择"函数"→"编程"→"结构"→"条件结构",添加一个条件结构。

将大于等于函数的输出端口与条件结构的条件端口相连。

依次选择"函数"→"编程"→"布尔"→"真常量"/"假常量",在条件结构的真分支中分别添加一个真常量和一个假常量,将真常量与"红灯"的输入端相连。

分别创建"绿灯"和"红灯"的局部变量,右击相应的布尔灯,执行快捷菜单中的"创建"→"局部变量"命令。

将真分支中的假常量与"绿灯"的局部变量相连。

在假分支中分别添加一个真常量和一个假常量。将真常量与"绿灯"局部变量相连,将假常量与"红灯"局部变量相连。

程序框图如图 5-27 所示。

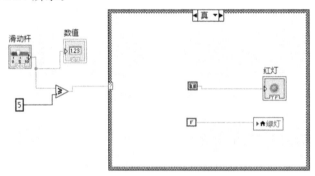

图 5-27　程序框图(实例 5.4)

(3) 运行程序。

单击"连续运行"按钮,调整滑动杆的值观察指示灯的变化。图 5-28 和图 5-29 所示为运行的界面。

图 5-28　实例 5.4 的运行界面 1

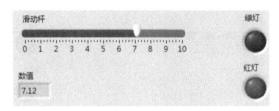

图 5-29　实例 5.4 的运行界面 2

 ## 5.4 顺序结构

在 LabVIEW 中,顺序结构一般由多个框架组成。从框架 0 到框架 n,首先执行框架 0 中的程序,然后执行框架 1 中的程序……依次执行下去,直到结束。

LabVIEW 中有两种顺序结构,分别是层叠式顺序结构和平铺式顺序结构。这两种结构的功能相同,只是结构和外观不同,这两种顺序结构位于函数面板的结构子面板下,如图 5-30所示。

图 5-30　两种顺序结构的位置

5.4.1 层叠式顺序结构

层叠式顺序结构允许在程序框图窗口的同一位置堆叠多个子框图。每一个子框图(又称为帧)都有各自的序号,执行顺序结构时,按照序号由小到大执行,顺序结构的序号从 0 开始。最初建立的层叠式顺序结构只有一帧,在顺序结构边框上右击,执行快捷菜单中的"在前面添加帧"/"在后面添加帧"命令,即可添加一个空白的帧,如图 5-31 所示。

图 5-32 所示为多框架顺序结构,边框顶部出现子框图标识符,它的中间是子框图标识,显示当前框在顺序结构序列中的号码(0 至 $n-1$),以及顺序结构共有几个子框图,子框图两边分别是降序按钮、升序按钮,单击降序按钮、升序按钮可以查看前一个或后一个子框图。

通常在程序编辑状态,当子框图很多时,通过升序按钮和降序按钮来选择子框图不够便捷,此时可以单击框图标识符,从下拉菜单中选择切换到任意编号的框图,如图 5-33 所示。

图 5-31 "在后面添加帧"和"在前面添加帧"命令

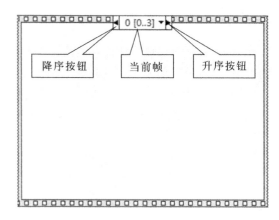

图 5-32 多框架顺序结构

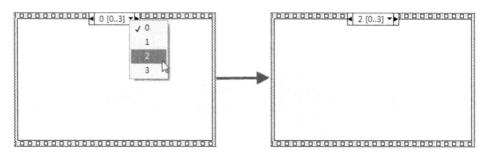

图 5-33 框图的切换

5.4.2 平铺式顺序结构

平铺式顺序结构和层叠式顺序结构的功能是一样的,它们的区别主要是表现形式不一样。和层叠式顺序结构一样,新建的空白的平铺式顺序结构只有一帧,如图 5-34 所示,右击边框,执行快捷菜单中的"在前面添加帧"/"在后面添加帧"命令,在单帧的左右添加空白的帧,如图 5-35 所示。可以用鼠标拖拽帧的边框来调整新添加的空白帧的宽度。在层叠式顺序结构中,程序按照帧从小到大的序号执行,而在平铺式顺序结构中,程序按照从左到右的顺序执行。

图 5-34 单帧结构

5-35 "在后面添加帧"和"在前面添加帧"命令

层叠式顺序结构的优点在于节省空间,但用户一次只能看到一个子框图的代码,对程序的代码的阅读和理解带来了难度。平铺式顺序结构比较直观,方便用户阅读代码,但它占用的空间比较大。在两种结构中可以通过右击边框,执行快捷菜单中的"替换为平铺式顺序"/"替换为层叠式顺序"等命令来切换,如图 5-36 和图 5-37 所示。

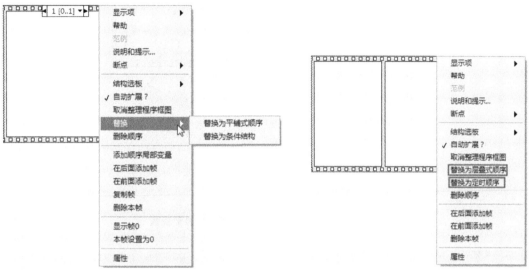

图 5-36 "替换为平铺式顺序"命令   图 5-37 "替换为层叠式顺序"命令

5.4.3 顺序结构中的数据传递

在顺序结构编程过程中,不同帧之间往往需要传递数据,顺序结构内部与外部也需要传递数据。由前面的知识知道,顺序结构有层叠式顺序结构和平铺式顺序结构,这两种结构内部的帧与帧之间数据传递的方式是不同的,但这两种结构与外部的数据传递方式是相同的。

1. 层叠式顺序结构内部帧与帧之间的数据传递

在层叠式顺序结构中,是通过创建顺序局部变量来实现不同帧之间数据传递的。在层叠式顺序结构的边框上右击,执行快捷菜单中的"添加顺序局部变量"命令,如图 5-38 所示,此时在顺序结构的边框上出现一个小方块(所有帧的同一位置都有),表示添加了一个局部变量。小方块可以沿框四周移动,它的颜色随接入的数据类型的不同而发生变化。

添加顺序局部变量后,若在某帧为该顺序局部变量接入数据,则该帧后面的各帧中的顺序局部变量的数据可以作为输入数据使用,但是在该帧前面的各帧的顺序局部变量不能使用,图 5-39 所示为顺序结构局部变量的例子。

图 5-39 所示层叠式顺序结构中共有 4 帧,添加了一个顺序局部变量,我们在第 1 帧中为顺序局部变量接入了数据。在第 0 帧中我们看到顺序局部变量被阴影块占据,表示该顺序局部变量不能使用。在第 1 帧中我们看到顺序局部变量的箭头向外,表示输出数据。在第 2 帧和第 3 帧中箭头向内,表示输入数据。同样我们可以通过右击顺序局部变量,执行快捷菜单中的"删除"命令来删除顺序局部变量。

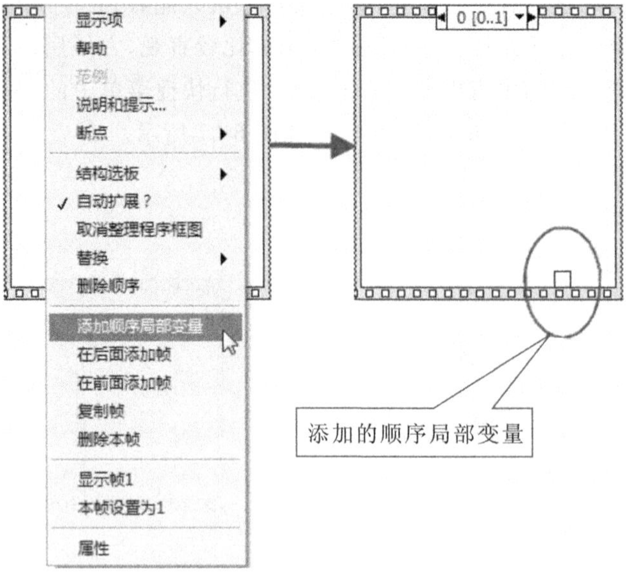

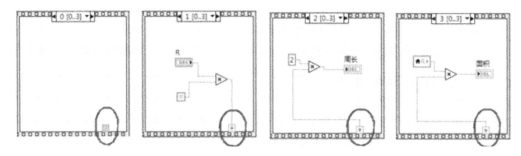

图 5-38 为层叠式顺序结构添加顺序局部变量

图 5-39 层叠式顺序结构局部变量的例子

2．平铺式顺序结构中的数据传递

在平铺式顺序结构中，由于每个帧都是可见的，所以不需要借助顺序局部变量来实现帧之间的数据传递，故在平铺式顺序结构中是不能添加顺序局部变量的。平铺式顺序结构中的数据是通过连线直接穿过帧壁进行传递的，如图 5-40 给出了与图 5-39 实现相同功能的平铺式顺序结构。

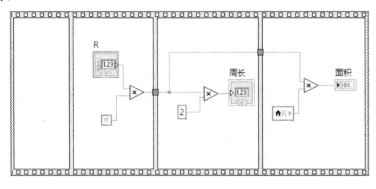

图 5-40 平铺式顺序结构

3. 顺序结构内部与外部的数据交换

顺序结构内部与外部的数据交换是通过隧道来完成的。隧道又分为输入隧道和输出隧道，输入隧道用于外部向顺序结构内部传入数据，输出隧道用于内部向外部输出数据。在顺序结构执行前，输入隧道得到输入值，在程序执行过程中，该值保持不变，且每个帧都能读取该值。在顺序结构内部向外部输出数据时注意只能在某一帧向输出隧道写入数据，如果多个帧同时对同一输出隧道赋值，则会引起程序出错，并且输出隧道上的值只有在整个顺序结构执行完成后才会输出。

5.4.4 顺序结构的举例

【实例 5.5】 利用顺序结构实现计算输入字符串"abcdefg"所用时间。

(1) 任务要求：利用顺序结构实现计算输入字符串"abcdefg"所用时间。

(2) 任务实现步骤如下。

① 设计前面板。

依次选择"控件"→"新式"→"字符串与路径"→"字符串输入控件"，添加一个字符串输入控件，将标签改为"输入字符串"。

依次选择"控件"→"新式"→"数值"→"数值显示控件"，添加一个数值显示控件，将标签改为"所用时间"。

图 5-41　设计好的前面板（实例 5.5）

设计好的前面板如图 5-41 所示。

② 设计程序框图。

依次选择"函数"→"编程"→"结构"→"层叠式顺序结构"，添加一个层叠式顺序结构。将层叠式顺序结构的帧添加到三个。

依次选择"函数"→"编程"→"结构"→"定时"→"时间计数器"，在第 0 帧中添加一个时间计数器。其位置如图 5-42 所示。

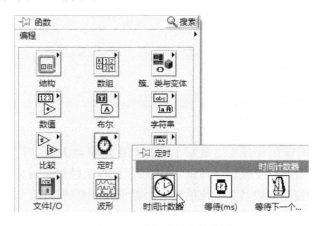

图 5-42　时间计数器的位置

在层叠式顺序结构的边框上添加顺序局部变量，右击层叠式顺序结构的边框，执行快捷菜单中的"添加顺序局部变量"命令。

将时间计数器的输出端与顺序局部变量相连。

依次选择"函数"→"编程"→"结构"→"While 循环"，在第 1 帧中添加一个 While 循环结构。

将"输入字符串"控件放入 While 循环中，依次选择"函数"→"编程"→"比较"→"等于?",添加一个等于函数,将"输入字符串"控件的输出端与等于函数的上端口相连。

在 While 循环内创建一个字符串常量,在字符串常量内输入字符串"abcdefg",将该字符串的输出端口与等于函数的下端口相连。

将等于函数的输出端口与 While 循环的循环条件接线端相连。

依次选择"函数"→"编程"→"定时"→"时间计数器",在层叠式顺序结构的第 2 帧中添加一个时间计数器。

依次选择"函数"→"编程"→"数值"→"减",添加一个减函数。

将顺序局部变量的输入端口与减函数的下端口相连,将时间计数器的输出端与减函数的上端口相连。

依次选择"函数"→"编程"→"数值"→"除",添加一个除函数,将减函数的输出端口与除函数的上端口相连。添加一个数值常量,将值设为 1000,并将其与除函数的下端口相连。

将除函数的输出端口与"所用时间"数值显示控件的输入端口相连。

程序框图如图 5-43 所示。

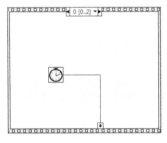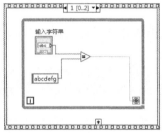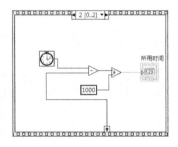

图 5-43　程序框图(实例 5.5)

图 5-44　运行界面(实例 5.5)

(3) 运行程序。

单击"运行"按钮,在字符串输入控件内输入字符串"abcdefg",单击运行界面,即可得出输入该字符串所用的时间。图 5-44 所示为运行界面。

5.5　事件结构

5.5.1　事件结构驱动的概念

我们知道 LabVIEW 的设计主要是基于一种数据流驱动方式进行的,这种驱动方式的含义就是将整个程序看成一个数据流通道,数据按照流程从控制量流向显示量,在这种结构中,顺序、循环等流程控制函数对数据流的流向起着十分重要的作用。

数据流的驱动方式在图形化的编程语言中具有独特的优势,这种方式可以形象地表现出图标之间相互关系及程序的流程,使程序简单、明了、结构化特征强。前面的程序都是采用数据流驱动方式来编写的。但是数据流驱动也有其缺点和不尽完善之处,这是因为它过于依赖程序的流程,比如在循环中检测一个按键是否被按下,利用数据流编写的程序会在执行过程中不断检测是否有按键被按下,这使得 CPU 的占用率很高,增加了程序的复杂性,降低了程序的可读性。

基于数据流驱动的不足,LabVIEW 引入了事件驱动的概念,在这种驱动方式下,系统会等待并响应用户或其他触发事件的对象发出的消息。在这种驱动方式下,用户不必将大量的精力花费在数据流的走向上,主要将精力放在编写事件驱动程序上。在一定程度上减轻了用户编写代码进行程序流程控制的负担。因此,在 LabVIEW 编程中可以设置某些事件,对数据流进行干预,这些事件就是用户在前面板的互动操作,如单击鼠标产生鼠标事件、按下键盘按键产生键盘事件等。如果在 LabVIEW 中需要进行用户和程序间的互动操作,则可以用事件结构来实现,程序可以响应用户在前面板上面的一些操作,如按下某个按钮、改变窗体大小等。

5.5.2　事件结构的组成与创建

事件结构位于函数面板下的结构子面板中,在程序框图中添加事件结构的方法与添加其他结构的方法一样,单击事件结构图标,在程序框图中单击,然后将事件结构拖拽至合适大小,再次单击即可,新添加到程序框图中的事件结构如图 5-45 所示。

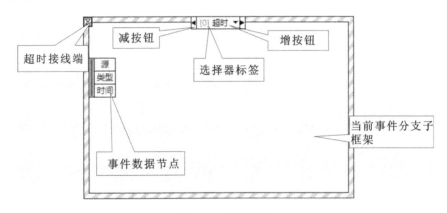

图 5-45　事件结构

由图 5-45 可知,事件结构主要由事件超时端子、事件数据节点、选择器标签三个基本部分组成。下面分别对这三部分进行说明。

事件超时端子:用于设定事件结构在等待指定事件发生时的超时时间。当该接线端为 -1 时,事件结构将永远处于等待状态,直到指定的事件发生为止。当接入端接入的是一个大于 0 的值时,事件结构会等待相应的时间,当事件在指定的时间内发生时,接受事件并响应该事件,当时间超过指定时间而事件没有发生时,事件会停止执行,并返回一个超时事件。通常情况下,应当为事件结构指定一个超时时间,否则事件结构将一直处于等待状态。

事件数据节点:主要是为子框图提供所处理事件的相关数据。事件数据节点由若干个事件数据端子组成,使用鼠标拖拽事件数据节点的上下边沿,可以增减数据端子。

选择器标签:主要用于标识当前显示的子框图所处理事件的事件源,其左右两端的增减按钮的功能与层叠式顺序结构的增减按钮的功能类似。

事件结构可包含多个分支,一个分支就是一个独立的事件处理程序,一个分支配置可处理一个或多个事件,但每次只能发生这些事件中的一个事件。

在事件结构边框上右击,弹出的快捷菜单如图 5-46 所示。通过菜单中的选项可以完成对事件结构的相关操作。“删除事件结构”主要用于删除事件结构,仅仅保留当前事件分支的代码;“编辑本分支所处理的事件”用于编辑当前事件分支的事件源和事件类型;“添加事件分支”用于在当前事件分支后添加新的事件分支;“复制事件分支”用于复制当前事件分支;“删除本事件分支”用于删除当前分支。

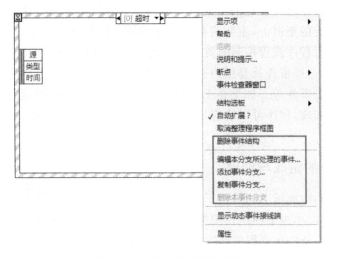

图 5-46 事件结构的快捷菜单

对于事件结构,无论是执行编辑、添加还是复制等操作,都会弹出如图 5-47 所示的"编辑事件"对话框。每个分支都可以配置为处理多个事件,当这些事件中的任何事件发生时,对应的事件分支的代码会得到执行。在"编辑事件"对话框中,"事件分支"的下拉列表包含了所有事件分支的序号和名称。在选择某分支时,"事件说明符"列表框会列出为该分支配置好的事件,"事件说明符"中左端列出事件源,右端列出该事件源产生的事件名称。

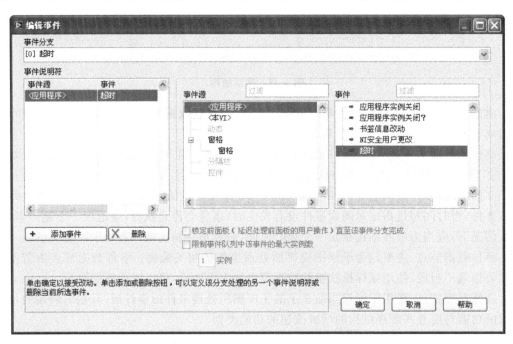

图 5-47 "编辑事件"对话框

5.5.3 事件结构的应用举例

【实例 5.6】 利用事件结构实现当调整滑动杆的值时,出现提示框,显示当前数字的大小,当按下按钮时,出现提示框,显示"您按下了按钮"。

（1）任务要求：利用事件结构实现当调整滑动杆的值时，出现提示框，显示当前数字的大小，当按下按钮时，出现提示框，显示"您按下了按钮"。

（2）任务实现步骤如下。

① 设计前面板。

依次选择"函数"→"编程"→"数值"→"水平指针滑动杆"，添加一个水平指针滑动杆。

依次选择"函数"→"编程"→"布尔"→"确定按钮"，添加一个确定按钮。

设计好的前面板如图 5-48 所示。

② 设计程序框图。

依次选择"函数"→"编程"→"结构"→"事件结构"，添加一个事件结构。其位置如图 5-49 所示。

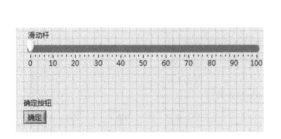

图 5-48　设计好的前面板（实例 5.6）

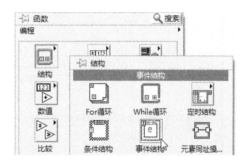

图 5-49　事件结构的位置

右击事件结构边框，执行快捷菜单中的"编辑本分支所处理的事件"命令，在弹出的"编辑事件"对话框中单击"删除"按钮，删除超时事件，如图 5-50 所示。

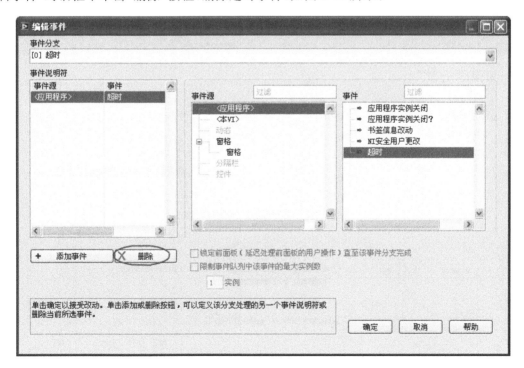

图 5-50　"编辑事件"对话框

在图 5-50 所示对话框的中间"事件源"框中选择"滑动杆"，在"事件"框中选择"值改变",如图 5-51 所示,单击"确定"按钮,完成滑动杆事件的设置。

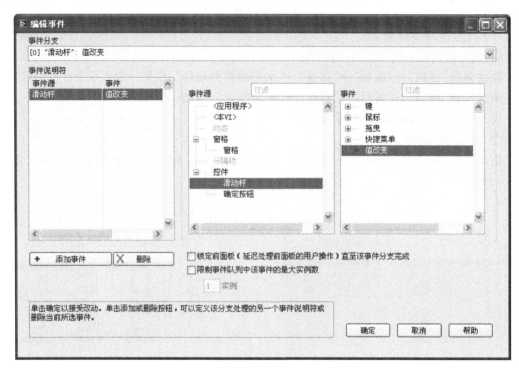

图 5-51　编辑滑动杆事件

右击事件结构边框,执行快捷菜单中的"添加事件分支"命令,编辑"确定按钮"事件,如图 5-52 所示。

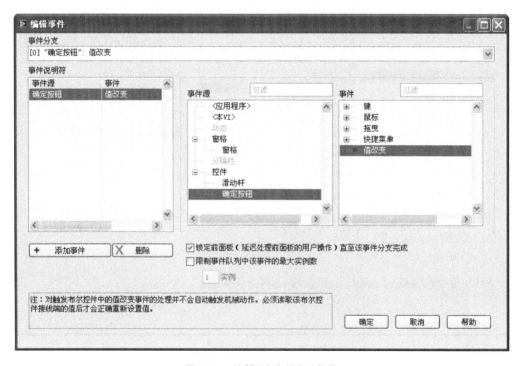

图 5-52　编辑"确定按钮"事件

将滑动杆拖入到事件结构 0 分支中,在该分支中添加一个数值至十进制数字符串转换,即依次选择"函数"→"编程"→"字符串"→"数值/字符串转换"→"数值至十进制数字符串转换",将滑动杆的输出端与转换函数的"数字"输入端相连。

在 0 分支中分别添加一个连接字符串函数和字符串常量,将连接字符串函数的端口设置为两个。在字符串常量内输入"当前值为:",将字符串常量的输出端口与连接字符串的第一个端口相连,将转换函数的输出端口与连接字符串函数的第二个端口相连。

依次选择"函数"→"编程"→"对话框与用户界面"→"单按钮对话框",添加一个单按钮对话框。其位置如图 5-53 所示。将连接字符串函数的输出端口与单按钮对话框的"消息"端口相连。

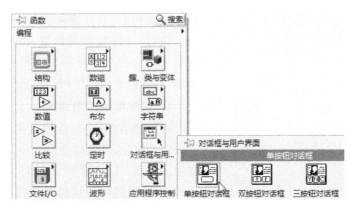

图 5-53 单按钮对话框的位置

依次选择"函数"→"编程"→"字符串"→"字符串常量",在事件结构分支 1 中添加一个字符串常量,在字符串常量内输入"您按下了该按钮"。

添加一个单按钮对话框,将字符串常量的输出端口与单按钮对话框的"消息"端口相连。程序框图如图 5-54 所示。

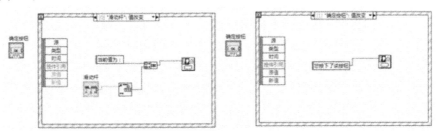

图 5-54 程序框图(实例 5.6)

(3)运行程序。

单击"运行"按钮,滑动指针改变滑动杆的值,观察弹出的对话框,单击"确定"按钮,观察弹出的对话框,图 5-55 所示为运行界面。

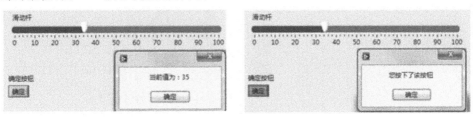

图 5-55 运行界面(实例 5.6)

5.6 禁用结构

禁用结构是在 LabVIEW 8.0 以后版本中新增加的功能,主要用来控制程序是否执行。

图 5-56 禁用结构的位置

在程序框图中有两种禁用结构,最常用的一种是程序禁用结构,其功能类似于 C 语言中的注释语句/ * … * /,用于大段的注释程序;另一种是条件禁用,用于通过外部环境变量来控制代码是否执行,类似于 C 语言中通过宏定义来实现条件编译。在禁用结构中,其注释屏蔽掉的代码不编译也不参与执行,这对程序的调试有很大的作用。这两种禁用结构均在函数面板下的结构子面板中,如图 5-56 所示为两种禁用结构的位置。

1. 程序框图禁用结构

在 C 语言中,我们在调试程序时,如果不想让一段程序执行,可以通过/ * … * /的方法来将该段程序注释掉。LabVIEW 的早期版本是没有禁用结构的,只能通过条件结构来避免程序的执行,使用起来不方便,而且还占用资源,因此,在 LabVIEW 8.0 以后的版本增加了程序框图禁用结构,实现了真正的注释。在结构子面板选择"程序框图禁用结构"图标,在程序框图上单击,然后将程序框图禁用结构拖拽至合适大小,再次单击,即在程序框图上添加了一个程序框图禁用结构,如图 5-57 所示。

程序框图禁用结构中的每一个子框图程序执行与否,是由选择器标签中的文本(禁用/启用)来决定的。程序框图禁用结构最初放置在程序框图上时有两个子程序框图,默认的情况下显示为禁用状态,此时在"禁用"标签中的代码的颜色是灰色的,如图 5-58 所示,但是它可以编译。运行程序时,"禁用"标签中代码不编译也不执行,当边框上有数据输出隧道时输出的为默认值。当然可以通过右击禁用边框,执行快捷菜单中的"启用本子程序框图"命令来启用该框图,也可以通过"禁用本子程序框图"来禁用该框图。注意在禁用程序时,必须保证有一个是处于启用状态的,程序才能正常执行。

图 5-57 程序框图禁用结构

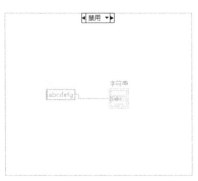

图 5-58 禁用程序部分代码为灰色

2. 条件禁用结构

在 C 语言中,程序员可以通过宏定义的方法让外部条件控制某段程序是否执行,而在 LabVIEW 中的条件禁用结构也提供了类似的功能。通过定义外部环境变量为真或假来控制代码是否执行。此外,还可以通过判断当前操作系统的类型来选择执行哪段代码。条件禁用结构如图 5-59 所示,其选择标签列出了执行该子程序框图代码的条件。

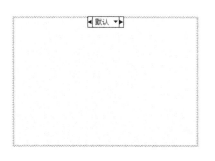

图 5-59 条件禁用结构

最初放在程序框图中的条件禁用结构只有一个子程序框图,且为默认状态,意思是当所有条件都不满足时也执行默认框图中的程序代码。对于条件禁用结构,无论是对该结构执行编辑、添加还是复制等操作,都会弹出如图 5-60 所示的"配置条件"对话框。同条件结构一样,必须指定默认情况下的代码,否则程序不执行。如果在"配置条件"对话框中配置的条件成立,则其对应的程序框图就是正常的;如果不成立,则其对应的程序框图会变成灰色,代表该段代码不会被执行。

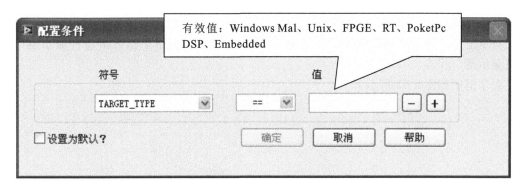

图 5-60 "配置条件"对话框

下面通过一个实例来说明禁用结构的使用。

【实例 5.7】 利用禁用结构,使滑动杆值输出、禁用字符串输出。

(1) 任务要求:利用禁用结构,使滑动杆值输出、禁用字符串输出。

(2) 任务实现步骤如下。

① 设计前面板。

依次选择"控件"→"新式"→"数值"→"水平指针滑动杆",添加一个水平指针滑动杆。

依次选择"控件"→"新式"→"数值"→"数值显示控件",添加一个数值显示控件。

依次选择"控件"→"新式"→"字符串与路径"→"字符串显示控件",添加一个字符串显示控件。

设计好的前面板如图 5-61 所示。

② 设计程序框图。

依次选择"函数"→"编程"→"结构"→"程序框图禁用结构",添加一个程序框图禁用结构。其位置如图 5-62 所示。

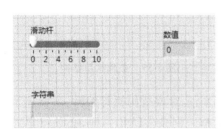

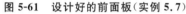

图 5-61　设计好的前面板（实例 5.7）　　　　图 5-62　程序框图禁用结构的位置

依次选择"函数"→"编程"→"字符串"→"字符串常量"，在"禁用"框内添加一个字符串常量，在字符串常量内输入"labview2013"。将字符串显示控件拖入到"禁用"框内，将字符串常量输出端口与字符串显示控件输入端口相连。

将水平指针滑动杆和数值显示控件拖入到"启用"框内，将水平指针滑动杆输出端口与数值显示端口相连。

程序框图如图 5-63 所示。

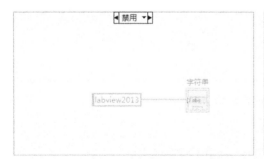

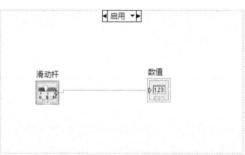

图 5-63　程序框图（实例 5.7）

（3）运行程序。

单击"连续运行"按钮，改变滑动杆的值，观察数值显示控件的值和字符串显示控件能否输出相应的字符串。图 5-64 所示为运行界面。

图 5-64　运行界面（实例 5.7）

5.7 典型实例——基于 LabVIEW 交通灯的设计

【**实例 5.8**】 基于 LabVIEW 设计一个十字路口的交通灯。

(1)任务要求:设计一个十字路口的交通灯,要求周期为 60s,即东西方向绿灯亮 27s,黄灯闪烁 3s,南北方向红灯亮 30s;同理,南北方向绿灯亮 27s,黄灯闪烁 3s,东西方向红灯亮 30s。

(2)任务实现步骤如下。

① 设计前面板。

依次选择"控件"→"新式"→"布尔"→"圆形指示灯",添加 12 个圆形指示灯。其位置如图 5-65 所示。将 12 个灯分为四组,分别放置在东南西北的位置,在每一组圆形灯上修改标签为"红灯""黄灯""绿灯",据此修改相应指示灯开时的颜色。

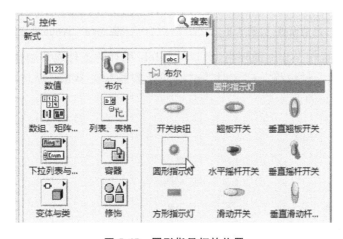

图 5-65 圆形指示灯的位置

依次选择"控件"→"新式"→"布尔"→"停止按钮",添加一个停止按钮。其位置如图 5-66 所示。

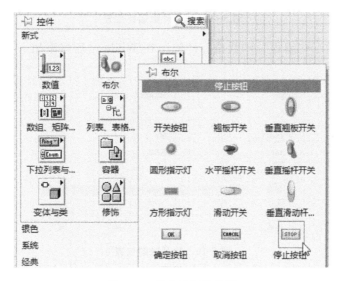

图 5-66 停止按钮的位置

设计好的前面板如图 5-67 所示。

② 设计程序框图。

依次选择"函数"→"编程"→"结构"→"While 循环",添加一个 While 循环。其位置如图 5-68 所示。

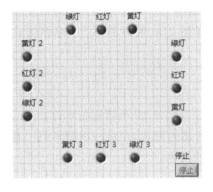

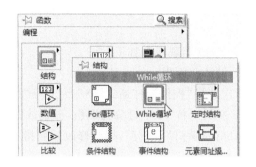

图 5-67　设计好的前面板（实例 5.8）　　　　图 5-68　While 循环的位置

将停止按钮放置在 While 循环内,将其与 While 循环的条件端口相连。

依次选择"函数"→"编程"→"定时"→"时间计数器",在 While 循环内添加一个时间计数器。其位置如图 5-69 所示。

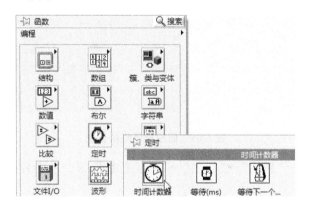

图 5-69　时间计数器的位置

依次选择"函数"→"编程"→"数值"→"除",在 While 循环内添加一个除函数。其位置如图 5-70 所示。

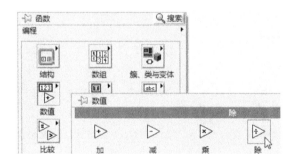

图 5-70　除函数的位置

在除函数的下端口创建一个数值常量,将常量值改为"1000"。将时间计数器与除函数的上端口相连。

依次选择"函数"→"编程"→"数值"→"商与余数",添加一个商与余数函数。其位置如图 5-71 所示。

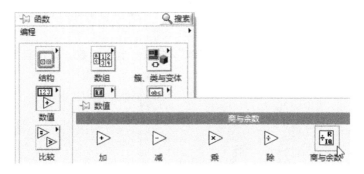

图 5-71 商与余数的位置

将除函数的输出端口和商与余数函数的"X"端口相连,在商与余数函数的"Y"端口创建一个数值常量,将常量值改为"60"。

依次选择"函数"→"编程"→"比较"→"判定范围并强制转换",添加四个判定范围并强制转换函数。其位置如图 5-72 所示。

图 5-72 判定范围并强制转换的位置

将商与余数函数的余数输出端口分别与四个判定范围并强制转换函数的"X"端口相连。

在第一个判定范围并强制转换函数的下限端口创建一个数值常量,数值为"0",在上限端口创建一个数值常量,数值为"27"。

在第二个判定范围并强制转换函数的下限端口创建一个数值常量,数值为"27",在上限端口创建一个数值常量,数值为"30"。

在第三个判定范围并强制转换函数的下限端口创建一个数值常量,数值为"30",在上限端口创建一个数值常量,数值为"57"。

在第四个判定范围并强制转换函数的下限端口创建一个数值常量,数值为"57",在上限端口创建一个数值常量,数值为"60"。

在第一个判定范围并强制转换函数的"范围内?"端口与南北方向的绿灯相连。

创建黄灯的闪烁属性,在黄灯上右击,执行快捷菜单中的"创建"→"属性节点"→"闪烁"命令。并将黄灯闪烁属性转换为写入。

在第二个判定范围并强制转换函数的"范围内?"端口与南北方向的黄灯闪烁属性输入端口相连。

依次选择"函数"→"编程"→"布尔"→"或",添加一个或函数。其位置如图 5-73 所示。

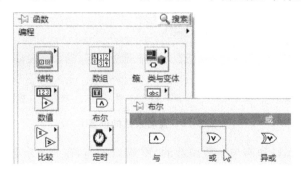

图 5-73　或的位置

将第一个和第二个判定范围并强制转换函数的"范围内?"输出端口与或函数的输入端口相连,将或函数的输出端口与东西方向的红灯相连。

同理,将第三个判定范围并强制转换函数的"范围内?"输出端口与东西方向的绿灯相连;创建东西方向黄灯的闪烁属性,将第四个判定范围并强制转换函数的"范围内?"输出端口与黄灯闪烁属性的输入端口相连。

添加一个或函数,将第三个和第四个判定范围并强制转换函数的"范围内?"输出端口与或函数的输入端口相连,将或函数的输出端口与南北方向的红灯相连。

程序框图如图 5-74 所示。

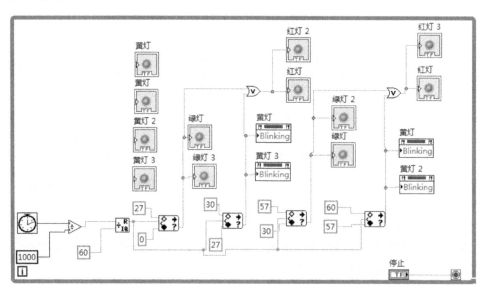

图 5-74　程序框图(实例 5.8)

为了让前面板好看,将圆形指示灯的标签都设置为不可见,即不勾选指示灯标签"可见"复选项,如图 5-75 所示。

图 5-75　修改指示灯的属性

（3）运行程序。

单击"运行"按钮，图 5-76 至图 5-79 所示为运行界面。

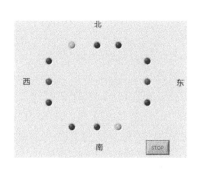

图 5-76　南北方向绿灯和东西方向红灯

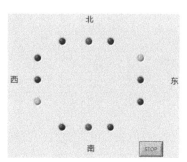

图 5-77　东西方向绿灯和南北方向红灯

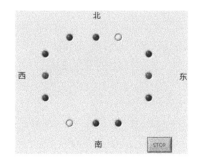

图 5-78　东西方向红灯和南北方向黄灯

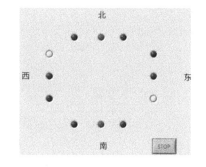

图 5-79　东西方向黄灯和南北方向红灯

习　题

1. 简单介绍一下 LabVIEW 中常用的结构。

2. 简单叙述一下如何在 LabVIEW 程序的编写中大段注释,并举简单实例来说明。

3. 循环结构内部与外部进行数据交换是通过什么实现的? 简单通过实例说明在循环结构中自动索引打开与关闭的区别。

4. 分别使用 For 循环和 While 循环实现 100 以内偶数的和。

5. 设计一个报警装置,产生 0~100 的随机数,当随机数大于 70 而小于 90 时,提示温度过高,当随机数小于 10 时,提示温度过低,当随机数大于 90 时,程序停止运行。

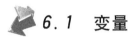

第6章 变量与节点

本章主要通过理论和实例相结合的方法,重点介绍 LabVIEW 程序框图设计中变量(包括局部变量和全局变量)的创建和使用;节点的创建和使用;子程序的设计。本章的主要内容如下:

- 变量;
- 节点;
- 子程序设计;
- 典型实例——基于 LabVIEW 倒计时的设计。

6.1 变量

6.1.1 变量的概述

在 LabVIEW 环境中,我们知道各对象之间通过连线传递数据,但是当需要在几个同时运行的程序之间传递数据时,显然通过连线是不能完成的,即使是在一个程序内部各部分之间传递数据,有时也会遇到连线的困难。另外,如果有时需要在程序中多个位置访问同一面板对象,甚至有些是对它写入数据,有些是由它读出数据,在这些情况下,就需要使用变量。因此,变量是 LabVIEW 中传递数据的工具,主要解决数据和对象在同一个 VI 程序中的复用和在不同 VI 程序中的共享问题。

在 LabVIEW 中的变量分为局部变量和全局变量两种。与其他编程语言不同的是,在 LabVIEW 中变量不能直接创建,必须与前面板的一个对象关联起来,依靠此对象来存储和读取数据。也就是说,变量相当于前面板对象的一个副本,与前面板对象的区别是,变量既可以写入数据也可以读取数据。

6.1.2 局部变量的概述

当无法访问某前面板对象或需在程序框图节点之间传递数据时,可以通过创建局部变量来完成。局部变量创建后只出现在程序框图中,而不会出现在前面板中。

局部变量可对前面板上的输入控件或显示控件进行数据读/写。写入一个局部变量相当于将数据传递给其他接线端,而且,局部变量还可向输入控件写入数据和从显示控件读取数据。事实上,通过创建局部变量,前面板对象既可以作为输入访问也可以作为输出访问。

创建局部变量主要有两种方法。一种方法是通过右击前面板对象或程序框图接线端,在弹出的快捷菜单中执行"创建"→"局部变量"命令,该对象的局部变量图标就出现在程序框图中,如图 6-1 所示。另一种方法是选择函数面板下的结构子面板中的"局部变量",创建一个空的"局部变量",图标为 ▶🏠? ,如图 6-2 所示,如需使局部变量与输入控件或显示控件相关联,可单击空的局部变量,在弹出的快捷菜单中执行相应的命令,即建立了空的局部变量与相应对象的关联,如图 6-3 所示。需要注意的一点是,为了使程序有较强的可读性并便于分辨,前面板控件的自带标签应该具有一定的描述性。

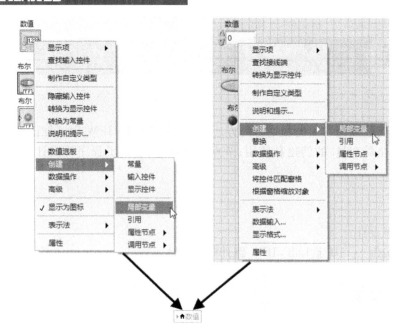

图 6-1　第一种方法创建局部变量

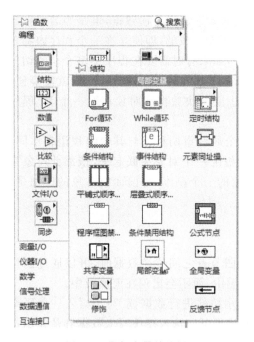

图 6-2　局部变量的位置

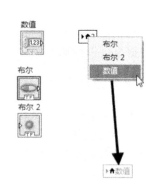

图 6-3　第二种方法创建局部变量

　　局部变量有读和写两种属性,当属性为读时,可以从局部变量中读出数据;当属性为写时,可以给这个局部变量赋值。通过创建局部变量的方法,就可以达到给输入控件赋值或从显示控件中读出数据的目的。由于局部变量有读和写两种属性,所以在局部变量上右击,执行快捷菜单中的"转换为读取"或"转换为写入"命令,可以改变局部变量的属性。请注意,当局部变量的属性为读时,局部变量图标的边框用粗线来强调,图标为 ，当局部变量的属性为写时,局部变量图标的边框用细线来表示,图标为 。所以用户可以根据局部变量边框的粗细来判断该局部变量的属性。

了解局部变量的特性,有助于用户更好地、更合理地使用局部变量。局部变量主要有以下几个特性。

（1）一个局部变量就是其相应前面板对象的一个副本,在程序中占用一定的内存。所以在程序中一定要注意控制局部变量的使用个数,若程序中使用多个局部变量会占用大量内存,从而降低了程序的运行效率。

（2）LabVIEW 是一种并行处理语言,只要模块输入有效,模块就会执行程序,当程序中有多个局部变量时,应特别注意并行执行带来的意想不到的错误。用户从一个输入控件的局部变量中读出数据,在程序的另一个地方又为该输入控件的局部变量赋值,如果并行执行,则很可能发生错误且不易发现。

（3）LabVIEW 中的局部变量与传统编程语言的局部变量类似,就是它只能在同一个 VI 中使用,不能在不同的 VI 间使用。若需要在不同的 VI 间传递数据,需要用到全局变量,这将在后面介绍。

（4）使用局部变量可以在程序框图的不同位置访问前面板对象。前面板对象的局部变量相当于其端口的一个复件,它的值与该端口同步,也就是说前面板对象和其局部变量的数据是相同的。

6.1.3 全局变量的概述

前面我们知道局部变量主要用于程序内部传递数据,但不能实现程序之间数据的传递,全局变量则可在同时运行的多个 VI 之间访问和传递数据,是内置的 LabVIEW 对象。创建全局变量时,LabVIEW 将自动创建一个只有前面板而没有程序框图的特殊的 VI,向该全局 VI 中添加不同的输入控件和显示控件,定义其中所含全局变量的数据类型。该前面板实际便成了一个可供多个 VI 进行数据访问的容器。

相比局部变量,全局变量的创建比较复杂。全局变量在函数面板下的结构子面板中,如图 6-4 所示,其图标为 ,这是一个空白的全局变量,双击该图标可以打开一个与前面板类似的全局变量前面板,可在该前面板中放置需要的输入控件和显示控件。由于 LabVIEW 以自带的标签区分全局变量,因此前面板控件自带标签应该具有一定的描述性。在创建全局变量过程中,可以创建多个仅含有一个前面板对象的全局 VI,也可以创建一个含有多个前面板对象的全局 VI。在全局变量中创建控件如图 6-5 所示。

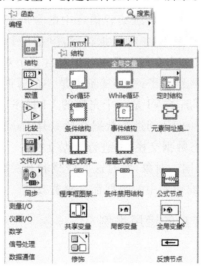

图 6-4　全局变量的位置

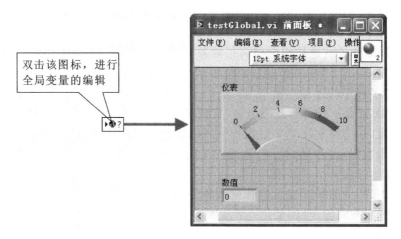

图 6-5　在全局变量中创建控件

全局 VI 前面板创建完毕后,保存该全局变量,在保存时注意最好以"Global"结尾命名此文件,比如"TestGlobal.vi",方便其他程序中全局变量与前面板对象关联时快速定位,然后关闭全局 VI 的前面板窗口返回到原始 VI 程序框图中。下面还需要建立全局变量与相应对象之间的关联,单击全局变量图标,弹出的快捷菜单会将全局变量中包含的所有对象名称列出,如图 6-6 所示,然后根据需要选择相应的对象与全局变量关联,如图 6-7 所示。至此就完成了一个全局变量的创建。

6-6　建立对象与全局变量的关联　　　　　　图 6-7　创建完成的全局变量

全局变量也有读和写两种属性,与局部变量类似,请读者参考局部变量的相关内容,这里不再赘述。

与局部变量一样,全局变量也有自己的特点,了解它的特点,将有助于用户合理使用全局变量。

(1) LabVIEW 中的全局变量与传统编程语言中的全局变量有很大的区别。在传统编程语言中,全局变量只能是一个变量,一种数据类型,但是在 LabVIEW 中,全局变量较为灵活,它以独立的形式存在,并且一个全局变量中可以包含多个对象,可以拥有多种数据类型。

(2) 全局变量与子 VI 的区别在于:全局变量不是一个真正的 LabVIEW 程序,是不能进行编程的,只能进行数据的存储;子 VI 是一个完整的 VI 程序,可以单独运行。

(3) 通过全局变量在不同的 VI 间进行数据交换只是 LabVIEW 中 VI 间数据交换的方式之一,也可以通过 DDE(动态数据交换)来进行数据交换。

(4) 多个变量可以关联到同一对象,此时这些变量和其关联对象之间数据同步,改变其中的任何一个数据,其他变量或对象中的数据都会跟着改变。

6.1.4　局部变量与全局变量的运用举例

1. 局部变量的运用举例

【实例 6.1】　用一个停止按钮停止两个 While 循环。

（1）任务要求：利用局部变量实现一个停止按钮停止两个 While 循环。

（2）任务实现步骤如下。

① 设计前面板。

依次选择"控件"→"新式"→"数值"→"数值显示控件"，添加两个数值显示控件。

依次选择"控件"→"新式"→"布尔"→"停止按钮"，添加一个停止按钮。

设计好的前面板如图 6-8 所示。

图 6-8　设计好的前面板（实例 6.1）

② 设计程序框图。

依次选择"函数"→"编程"→"结构"→"While 循环"，添加两个 While 循环，将两个数值显示控件放入到 While 循环中。

依次选择"函数"→"编程"→"数值"→"随机数（0-1）"，向两个 While 循环中各添加一个随机数。其位置如图 6-9 所示。将随机数的输出端口与数值显示控件的输入端口相连。

图 6-9　随机数的位置

依次选择"函数"→"编程"→"定时"→"等待"，向两个 While 循环中各添加一个等待函数，在等待函数的输入端口创建一个数值常量，其值为 100。

创建停止按钮的局部变量，右击停止按钮，在弹出的快捷菜单中执行"创建"→"局部变量"命令，如图 6-10 所示。

将停止按钮与第一个 While 循环的循环条件接线端相连，将创建的停止按钮局部变量放入到另一个 While 循环中，将其属性转换为读取，并与 While 循环的循环条件接线端相连。此时我们发现"运行"按钮仍是断裂箭头形状的，单击"运行"按钮，弹出"错误列表"对话框，如图 6-11 所示。

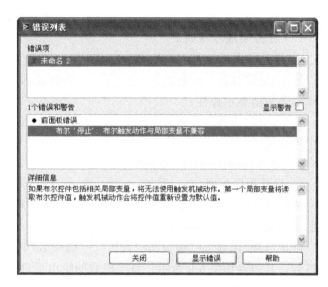

图 6-10 停止按钮局部变量的创建   图 6-11 "错误列表"对话框

由"错误列表"对话框我们知道错误是由"布尔触发动作与局部变量不兼容"引起的,所以我们改变布尔触发动作即可,将最开始默认的触发动作"释放时触发"改为"保持转换直到释放"。程序框图如图 6-12 所示。

（3）运行程序。

单击"运行"按钮,观察两个数值显示控件的变化,一段时间后单击"停止"按钮,观察两个 While 循环能否正常停止。运行界面如图 6-13 所示。

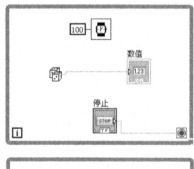

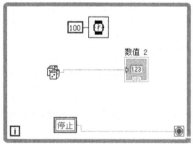

图 6-12 程序框图（实例 6.1）   图 6-13 运行界面（实例 6.1）

2. 全局变量运用举例

【实例 6.2】 利用全局变量实现两个不同 VI 间数据的传递。

（1）任务要求:利用全局变量实现在一个 VI 上产生随机数,在另一个 VI 上用波形图表显示出来,一个停止按钮控制两个不同 VI 的停止。

（2）任务实现步骤如下。

① 设计第一个 VI 前面板。

依次选择"控件"→"新式"→"数值"→"数值显示控件"，添加一个数值显示控件。

依次选择"控件"→"新式"→"布尔"→"停止按钮"，添加一个停止按钮。

设计好的第一个 VI 前面板如图 6-14 所示。

图 6-14　设计好的第一个 VI 前面板（实例 6.2）

② 设计第一个 VI 程序框图。

依次选择"函数"→"编程"→"结构"→"While 循环"，添加一个 While 循环。

将数值显示控件和停止按钮放在 While 循环内，将停止按钮的输出端口与 While 循环的循环条件端口相连。

依次选择"函数"→"编程"→"数值"→"随机数"，在 While 循环内添加一个随机数，将随机数输出端口与数值显示控件的输入端口相连。

依次选择"函数"→"编程"→"定时"→"等待"，添加一个等待函数，在等待函数的输入端口创建一个数值常量，其值设为 100。

③ 设计第二个 VI 的前面板。

依次选择"控件"→"新式"→"图形"→"波形图表"，添加一个波形图表。其位置如图 6-15所示。

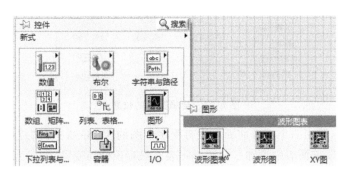

图 6-15　波形图表的位置

设计好的第二个 VI 前面板如图 6-16 所示。

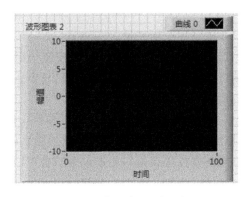

图 6-16　设计好的第二个 VI 前面板（实例 6.2）

④ 设计第二个 VI 程序框图。

依次选择"函数"→"编程"→"结构"→"While 循环",添加一个 While 循环。将波形图表放在 While 循环内。

依次选择"函数"→"编程"→"定时"→"等待",添加一个等待函数,在等待函数的输入端口创建一个数值常量,其值设置为 100。

⑤ 设置全局变量。

回到第一个 VI 程序框图中,依次选择"函数"→"编程"→"结构"→"全局变量",添加一个全局变量。其位置如图 6-17 所示。

图 6-17　全局变量的位置

双击全局变量,弹出一个只有前面板没有程序框图的 VI,依次选择"控件"→"新式"→"图形"→"波形图表",在前面板中添加一个波形图表。保存该全局变量,命名为"波形图表.vi"

回到第一个 VI 程序框图中,单击全局变量,在弹出的列表中选择"波形图表",建立连接。

同理,新建一个全局变量,在全局变量的前面板添加一个停止按钮,保存为"停止按钮.vi",并建立相应连接。

⑥ 在第一个和第二个 VI 中添加全局变量。

在第一个 VI 中分别添加波形图表全局变量和停止按钮全局变量。将随机数输出端口与波形图表全局变量输入端口相连。将停止按钮输出端口与停止按钮全局变量的输入端口相连。第一个 VI 程序框图如图 6-18 所示。

在第二个 VI 程序框图中分别添加波形图表全局变量和停止按钮全局变量,并将全局变量的属性转换为读取,将波形图表全局变量输出端口与波形图表输入端口相连,将停止按钮全局变量输出端口与 While 循环条件接线端口相连。第二个 VI 程序框图如图 6-19 所示。

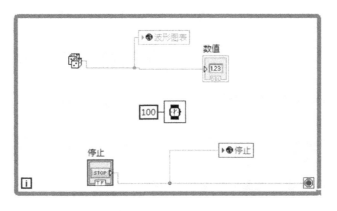

图 6-18　第一个 VI 程序框图（实例 6.2）

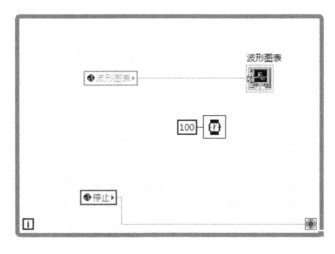

图 6-19　第二个 VI 程序框图（实例 6.2）

（3）运行程序。

分别单击两个 VI 的"运行"按钮，观察两个前面板上的现象，单击"停止"按钮，停止两个程序框图的运行。运行界面分别如图 6-20 和图 6-21 所示。

图 6-20　第一个 VI 运行界面（实例 6.2）　　　图 6-21　第二个 VI 运行界面（实例 6.2）

6.1.5　局部变量与全局变量使用的注意事项

LabVIEW 最大的特点就是它的数据流驱动的执行方式，但是从本质上来讲局部变量和全局变量并不是数据流的组成部分,使用局部变量和全局变量会掩盖数据流的进程,使程序难以读懂,如果在程序设计中滥用局部变量和全局变量不仅会使得程序难以读懂,还会降低程序的执行速度。在 LabVIEW 中使用局部变量和全局变量进行程序设计时还需要注意以下内容。

1. 局部变量和全局变量的初始化

在使用局部变量和全局变量时,局部变量和全局变量的值是与它们相关的前面板对象的默认值。如果不能确认这些值是否符合程序执行的要求,就需要对它们进行初始化,即给它们赋上能保证程序得到预期结果的初始值。

2. 使用局部变量和全局变量时应该考虑内存

在程序设计中使用局部变量来传递数据时,就需要在内存中将与它相关的前面板控件复制出一个数据副本,如果需要传递大量数据,就会占用大量内存,使程序的执行变得很缓慢。

当程序由全局变量读取数据时,LabVIEW 也会为全局变量存储的数据建立一个副本。当在运行中操作比较大的数组或字符串时,内存的性能问题就会变得突出,特别是对于数组,如果修改数组中的一员,LabVIEW 就会重新存储整个数组。

6.2 节点

6.2.1 公式节点

LabVIEW 是一种图形化的编程语言,主要编程元素和结构节点是系统预先定义的,用户只需要在应用时调用相应的节点构成的程序框图即可,这种方式看起来虽然简单直接,但是在有些时候灵活性还是受到了一定的限制,尤其是对于复杂的数学处理,形式更是多种多样的,此时 LabVIEW 就不可能把所存在的所有的数学运算全部都做成图标状,这样只会使程序冗余且难以读懂。因此,在 LabVIEW 中提供了一种专门用于处理数学公式编程的特殊结构形式,称为公式节点。

公式节点位于函数面板下结构子面板中,如图 6-22 所示。与在程序框图上建立其他结构一样,选中公式节点,在程序框图上单击,拖动至合适大小再次单击,即在程序框图上建立了一个公式节点的方框,如图 6-23 所示。

图 6-22 公式节点的位置　　　　图 6-23 新建公式节点方框

在公式节点的方框中,当需要输入、输出变量时,右击公式节点边框,执行快捷菜单中的"添加输入"或"添加输出"命令即可,如图 6-24 所示。

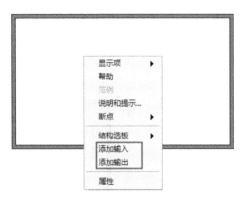

图 6-24　"添加输入"命令和"添加输出"命令

下面主要介绍公式节点的主要特点,方便用户更好地了解公式节点的用法。

(1) 公式节点中可以声明变量,使用 C 语言的语法,以及加语句注释,每个公式语句以分号结束。

(2) 使用文本工具向公式节点中输入公式,也可以将符合语法要求的代码直接复制到公式节点中,一个公式节点中可以有多个公式。

(3) 在端口的方框中输入变量名,注意方框中的变量名是要区分大小写的。一个公式节点允许有多个变量,输入端口不能重名,输出端口也不能重名,但是输入端口和输出端口可以重名。

(4) 在公式节点框架中出现的所有变量必须有一个相对应的输入端口或输出端口,否则 LabVIEW 会报错。

下面以实例来说明公式节点的用法。

【实例 6.3】　利用公式节点计算 $y=100+x^2$ 和 $z=100y+1$。

(1) 任务要求:利用公式节点计算 $y=100+x^2$ 和 $z=100y+1$。

(2) 任务实现步骤如下。

① 设计前面板。

依次选择"控件"→"新式"→"数值"→"数值输入控件",添加一个数值输入控件,将标签改为"x 值"。

依次选择"控件"→"新式"→"数值"→"数值显示控件",添加两个数值显示控件,将标签分别改为"y 值""z 值"。

设计好的前面板如图 6-25 所示。

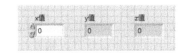

图 6-25　设计好的前面板(实例 6.3)

② 设计程序框图。

依次选择"函数"→"编程"→"结构"→"公式节点",添加一个公式节点。其位置如图 6-26所示。

如图 6-27 所示,在公式节点框内输入公式。

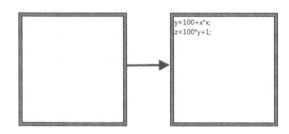

图 6-26　公式节点的位置　　　　图 6-27　在公式节点框内输入公式

在公式节点左边框上右击,在弹出的快捷菜单中执行"添加输入"命令,在出现的端口图标中输入变量名称"x"。

在公式节点的右边框上右击,在弹出的快捷菜单中执行"添加输出"命令,添加两个输出端口,并在端口图标中分别输入变量名称"y""z"。

将"x 值"数值输入控件与公式节点的输入端口"x"相连,将公式节点输出端口"y""z"分别与"y 值"显示控件输出端口"y"和"z 值"显示控件输出端口"z"相连。

程序框图如图 6-28 所示。

(3) 运行程序。

单击"连续运行"按钮,在数值输入控件中输入任意值,观察数值显示控件的值,运行界面如图 6-29 所示。

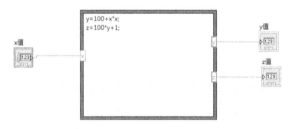

图 6-28　程序框图(实例 6.3)　　　　图 6-29　运行界面(实例 6.3)

6.2.2　反馈节点

在循环结构中,反馈节点的功能和移位寄存器的功能很相似,用于将数据从一次循环传递到下一次循环,因此在循环结构中这两种对象可以相互代替使用,某些时候反馈节点会使程序结构更加简洁。

建立反馈节点的方法有两种。一种方法是在程序框图中添加反馈节点的图标。反馈节点在函数面板下的结构子面板中,如图 6-30 所示。选中反馈节点图标,在程序框图的合适位置单击,即可放置一个反馈节点,然后根据数据流连线。另一种建立反馈节点的方法是:利用连线工具将需要建立反馈节点的输出端和输入端相连,图 6-31 所示为两种方法建立的反馈节点。一般情况下，反馈节点是配合循环结构使用的，因此反馈节点应在循环内创建。

图 6-30　反馈节点的位置

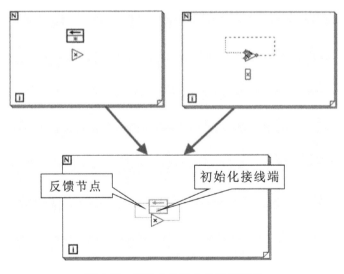

图 6-31　两种方法建立的反馈节点

　　反馈节点在没有连线的时候是黑色的，连线后它的颜色由接入的数据类型决定。反馈节点有两个接线端子，输入接线端在每次循环结束时将值存入，输出接线端在每次循环开始时把上一次循环存入的值输出，反馈节点箭头的方向表示数据流的方向。同移位寄存器一样，反馈节点也需要初始化，初始化接线端可以位于循环框架内，也可以位于循环框架外，通常默认的情况下是位于循环框架内。如需将初始化接线端移至循环框架外，则右击反馈节点，在弹出的快捷菜单中执行"将初始化器移出一个循环"命令即可。

下面通过一个实例来说明反馈节点的用法。

【实例 6.4】 利用反馈节点实现 n! 的计算。

（1）任务要求：利用反馈节点实现 n! 的计算。

（2）任务实现步骤如下。

① 设计前面板。

图 6-32　设计好的前面板（实例 6.4）

依次选择"控件"→"新式"→"数值"→"数值输入控件"，添加一个数值输入控件，将标签改为"n"。

依次选择"控件"→"新式"→"数值"→"数值显示控件"，添加一个数值显示控件，将标签改为"结果"。

设计好的前面板如图 6-32 所示。

② 设计程序框图。

依次选择"函数"→"编程"→"结构"→"For 循环"，添加一个 For 循环。

将"n"数值输入控件放在 For 循环外部，并与循环总数接线端相连。

依次选择"函数"→"编程"→"数值"→"加 1"，在 For 循环内部添加一个加 1 函数，将加 1 函数的输入端与循环计数接线端相连。

依次选择"函数"→"编程"→"数值"→"乘"，添加一个乘函数，将乘函数的下端口输入端与加 1 函数的输出端相连。

将乘函数的输出端连接到乘函数的上端口输入端，此时出现一个反馈节点，在反馈节点的初始化接线端创建一个数值常量，将其值设为 1。

将乘函数的输出端与 For 循环外部的"结果"数值显示控件的输入端相连。

将程序框图中隧道模式改为"最终值"。

程序框图如图 6-33 所示。

（3）运行程序。

单击"连续运行"按钮，在数值输入控件"n"内输入任意数值，观察数值显示控件的值。图 6-34 所示为运行界面。

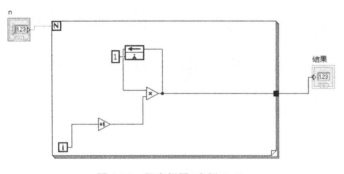

图 6-33　程序框图（实例 6.4）

图 6-34　运行界面（实例 6.4）

6.2.3　属性节点

在程序设计过程中，用户可以通过属性节点获取或设置与属性节点关联的前面板控件的属性。例如，在监测温度时，当达到上限值时，灯闪烁报警；有时在程序运行的某些特定阶段，希望禁用某些前面板控件，避免误操作，有时又需要启用这些控件，这些都可以利用属性节点来实现。下面通过一个实例来说明属性节点的用法。

【实例 6.5】 利用属性节点实现以下功能:当数值小于 0 时,显示控件禁用,且指示灯全灭;当数值在 0～8 之间时,显示控件正常显示,绿灯亮;当数值大于 8 时,红灯闪烁。

(1) 任务要求:根据题目利用属性节点完成相应要求。

(2) 任务实现步骤如下。

① 设计前面板。

依次选择"控件"→"新式"→"数值"→"数值输入控件",添加一个数值输入控件,将标签改为"数值输入"。

依次选择"控件"→"新式"→"数值"→"数值显示控件",添加一个数值显示控件,将标签改为"数值显示"。

依次选择"控件"→"新式"→"布尔"→"圆形指示灯",添加两个布尔灯,将标签分别改为"报警灯"和"绿灯"。

设计好的前面板如图 6-35 所示。

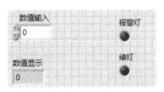

图 6-35 设计好的前面板(实例 6.5)

② 设计程序框图。

依次选择"函数"→"编程"→"结构"→"条件结构",添加一个条件结构。

依次选择"函数"→"编程"→"比较"→"小于?",在条件结构外添加一个小于函数。

将"数值输入"控件与小于函数的上端口相连,在小于函数的下端口创建一个数值常量,将常量值设为"0",将小于函数的输出端口与条件结构的条件接线端相连。

创建两个"数值显示"控件的"禁用"属性节点,右击选中的显示控件,执行快捷菜单中的"创建"→"属性节点"→"禁用"命令,如图 6-36 所示。

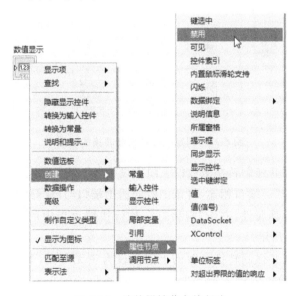

图 6-36 控件属性节点的创建

注：当设置不同"禁用"属性节点输入值时控件的状态如表 6-1 所示。

表 6-1　当设置不同"禁用"属性节点输入值时控件的状态

输　入　值	控　件　状　态
0	控件启用
1	控件禁用
2	控件禁用且变为灰色

将其中一个显示控件的"禁用"属性放在条件结构的真分支中，并将属性转化为"写入"。在"禁用"属性的输入端接入一个常数"2"。

在条件结构的假分支中放入另一个显示控件的"禁用"属性，将属性转化为"写入"。在"禁用"属性的输入端接入一个常数"0"。

将数值显示控件放入到条件结构假分支中，将数值输入控件输出端与数值显示控件输入端相连。

依次选择"函数"→"编程"→"比较"→"判定范围并强制转换"，在条件结构假分支内添加两个判定范围并强制转换函数。其位置如图 6-37 所示。

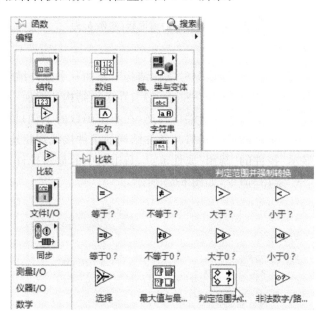

图 6-37　判定范围并强制转换的位置

将第一个判定范围并强制转换函数的上限值设为"8"，将下限值设为"0"，将数值输入控件的输出端与该函数的"x"端口相连，将该函数的输出端口与"绿灯"输入端口相连。

创建"报警灯"的闪烁属性，右击"报警灯"，执行快捷菜单中的"创建"→"属性节点"→"闪烁"命令，如图 6-38 所示。

将第二个判定范围并强制转换函数的上限值设为正无穷大，下限值设为"8"，将数值输入控件输出端口与该函数的输入端口"x"相连，该函数的输出端口与布尔灯的闪烁属性相连。

注：此时运行程序，布尔灯会以默认的颜色黄色闪烁，所以需要把颜色修改为红色。执

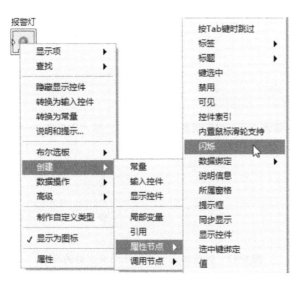

图 6-38　创建闪烁属性

行"工具"→"选项"命令,在弹出的"选项"对话框,选择"环境",在"颜色"栏中修改闪烁颜色,如图 6-39 所示。

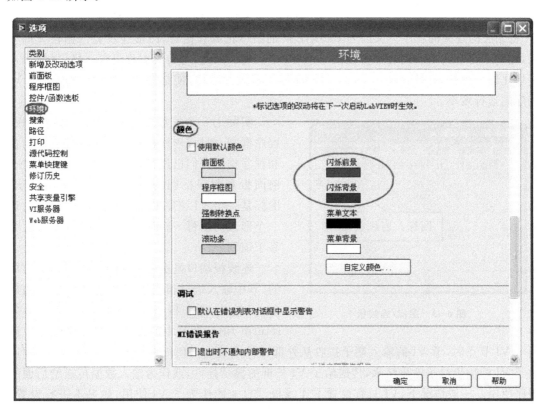

图 6-39　修改闪烁颜色

(3)运行程序。

单击"连续运行"按钮,单击数值输入控件左边的增减按钮,观察数值显示控件、布尔灯的变化。图 6-40 至图 6-42 所示为各阶段运行界面。

图 6-40　输入数值小于 0 时的现象　　　图 6-41　输入数值在 0～8 之间时的现象

图 6-42　数值输入为 8 到正无穷大时的现象

6.3　子程序设计

LabVIEW 中的子 VI 类似于文本编程语言中子程序或函数。我们知道,在文本编程语言中,如果不使用子程序,将不能设计出复杂的程序来,同理,如果在 LabVIEW 中不使用子VI 将无法构建大的程序。又因为 LabVIEW 的图形化编程语言,图形连线会占据较大的空间,用户不可能将所有的程序都在同一个 VI 中实现。因此,与传统编程语言一样,尽量采用模块化编程思想,有效地利用子 VI,将简化程序框图的结构,使结构易于理解,同时提高 VI程序的运行效率。

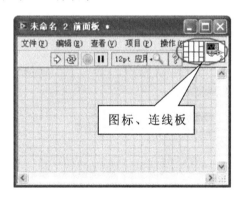

图 6-43　图标/连线板

实际上一个完整的 VI 程序是由前面板、程序框图、图标/连线板三部分组成的。前面板和程序框图我们已经很熟悉,图标/连线板位于前面板和程序框图的右上角,如图 6-43 所示。图标是一个 VI 程序的图形化,为 VI 程序设计一个形象的图标,有助于增加程序的可读性并易于识别。

连线板端口是由输入端口和输出端口组成的,其中输入端口相当于 C 语言子程序中的虚参,而输出端口相当于 C 语言子程序中的return()语句括号中的参数。在程序设计中调

用子 VI 节点时,子 VI 的输入端子接收从外部控件或其他对象传来的数据,经子 VI 处理后从子 VI 的输出端子输出结果,传送给子 VI 外部的显示控件,或作为输入数据传送给后面的程序使用。一般情况下,VI 只有设置了连线板端口才能作为子 VI 使用,如果不进行设置,调用的只是一个单纯的 VI 程序,不能改变其输入参数也不能显示或传输其运行结果。所以创建一个子 VI 的主要任务就是定义 VI 的连线板参数和定制 VI 图标。

创建子 VI 有两种方法:一种方法是通过一个现有的 VI 创建子 VI;另一种方法是在程序框图中选择相关程序创建子 VI。下面通过实例分别对这两种方法进行讲解。

【实例 6.6】 求高度不变的梯形的面积。

（1）任务要求：求高度不变的梯形的面积。

（2）任务实现步骤如下。

① 通过现有的 VI 创建子 VI。

求高度不变的梯形面积的前面板和程序框图如图 6-44 所示。

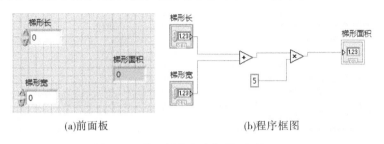

(a)前面板   (b)程序框图

图 6-44　前面板和程序框图（实例 6.6）

编辑连线板，要完成两个步骤：一是创建连线板的端口，包括定义端口的数目和排列的形式；二是建立连线端口和控件、指示器的关联。

LabVIEW 2013 前面板右上角有 VI 程序的图标和连线板，连线板上的每一个方格代表一个输入端口或输出端口。下面我们需要建立这些方格与前面板控件或指示器的关联，通常情况下，用户并不需要为了与外部交换数据把所有的控件都与一个端口建立关联，因此，有时候我们需要改变连线板中端口的个数。

LabVIEW 中提供两种方法来改变端口数：一是在连线板上右击，执行快捷菜单中的"添加接线端"或"删除接线端"命令，逐个添加或删除接线端口；二是右击连线板，执行"模式"命令，会列出 36 种不同的接线端口，如图 6-45 所示，用户可以根据实际选择一种合适的接线端口。

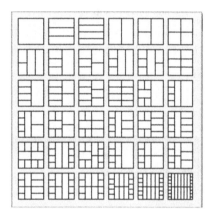

图 6-45　模式菜单下 36 种不同接线端口

一般情况下，我们会将这两种方法结合起来，首先在模式中选择较为接近的接线端口，然后进行修改。

在本例中，只需要两个输入控件和一个输出控件，可以直接从模式中选择连线板端口。选择合适的连接端口后，下面需要建立接线端口与输入控件、显示控件的关联，步骤如下。

● 选择连线工具，鼠标指针变为连线工具状态。

● 将连线工具移至连线端口，单击，此时连线端口变为黑颜色。

● 单击前面板上"梯形长"控件。

此时就已经完成控件与端口的关联，如图 6-46 所示。用户可以看出端口的颜色发生了变化，连线端口的颜色由数据类型决定。

利用同样的方法为剩余的控件与连线端口建立关联。编辑完成的 VI 连线板如图 6-47 所示。

按照 LabVIEW 的定义，与输入控件相关联的接线端口都作为输入端口，当子 VI 被其他

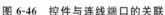

图 6-46　控件与连线端口的关联

图 6-47　编辑完成的 VI 连线板

VI 调用时,只能向输入端口输入数据而不能从输入端口向外输出数据。当某一个输入端口没有连接数据连线时,LabVIEW 会将该端口相关联的控件中的数据默认值作为该端口的数据输入值。同样的道理,与显示控件相关联的接线端口都作为输出端口,只能向外输出数据,而不能向内输入数据。

　　绘制图标。图标可以是文字、图形、图文结合的形式,新建一个 VI 时,系统会给定一个默认的图标,为了增强程序框图的可读性,方便识别程序,用户可对子 VI 的图标进行个性化设置。

　　双击图标(或右击图标,执行快捷菜单中的"编辑图标"命令),弹出"图标编辑器"对话框,如图 6-48 所示。

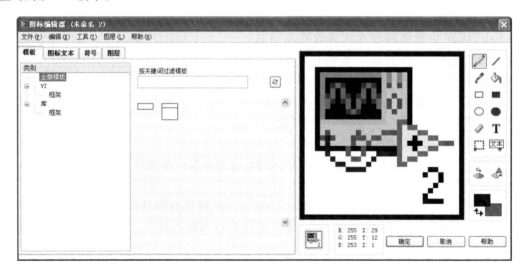

图 6-48　"图标编辑器"对话框

　　根据子 VI 要实现的功能设计形象图标,这里是求面积,所以设计的图标如图 6-49 所示。

　　完成连线板和图标编辑器后,保存该 VI,这个 VI 就可以当作子 VI 来调用了。

　　② 在程序框图中选择相关程序创建子 VI。

　　在设计程序过程中,如果需要模块化某段程序以使程序结构清晰或方便以后调用,可以通过选定程序中需要模块化的程序来建立子 VI。

在程序框图中选中需要创建成子 VI 的内容,选中的部分变为虚线状态,如图 6-50 所示。

图 6-49　图标编辑

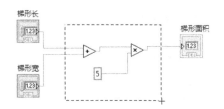

图 6-50　选定创建子 VI 的内容

执行"编辑"→"创建子 VI"命令,如图 6-51 所示,将选定内容创建为子 VI。

③ 子 VI 调用。

打开程序框图,在函数面板中单击"选择 VI",如图 6-52 所示,弹出"选择需打开的 VI"对话框,在对话框中找到需要调用的子 VI,如图 6-53 所示,然后单击"确定"按钮,此时鼠标指针变为手形,同时选择的子 VI 图标跟随着鼠标指针,如图 6-54 所示。移动鼠标指针到合适的位置,单击,将子 VI 放置在程序框图中。用连线工具将子 VI 的各连接端口与主 VI 的其他节点按逻辑关系连接起来。此时前面板和程序框图如图 6-55 所示。

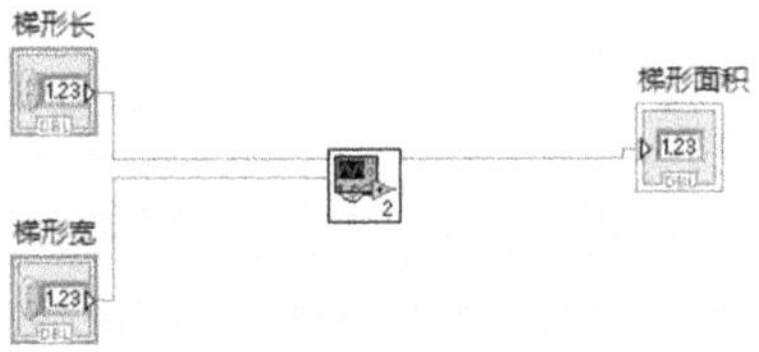

图 6-51　选定内容被子 VI 取代

图 6-52　选择 VI 的位置

图 6-53 选择需要调用的子 VI

图 6-54 选择的子 VI

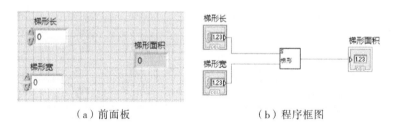

（a）前面板 （b）程序框图

图 6-55 主 VI 的前面板和程序框图（实例 6.6）

6.4 典型实例——基于 LabVIEW 倒计时的设计

【实例 6.7】 基于 LabVIEW 倒计时的设计。

（1）任务要求：通过下拉列表可以设置倒计时的时间，当单击"开始倒计时"时，其他按钮禁用并变为灰色，倒计时结束，程序停止运行，也可以通过停止按钮来停止程序运行。

（2）任务实现步骤如下。

① 设计前面板。

依次选择"控件"→"新式"→"下拉列表与枚举"→"枚举"，添加一个枚举控件。其位置如图 6-56 所示。将枚举控件标签改为"定时时间选择"，右击枚举控件，执行快捷菜单中的"编辑项"命令，在弹出的对话框中设置常用的定时时间，如图 6-57 所示。

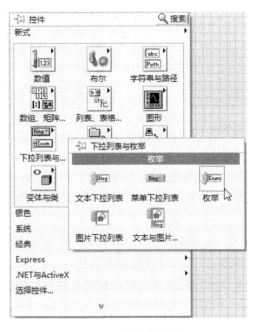

图 6-56　枚举的位置

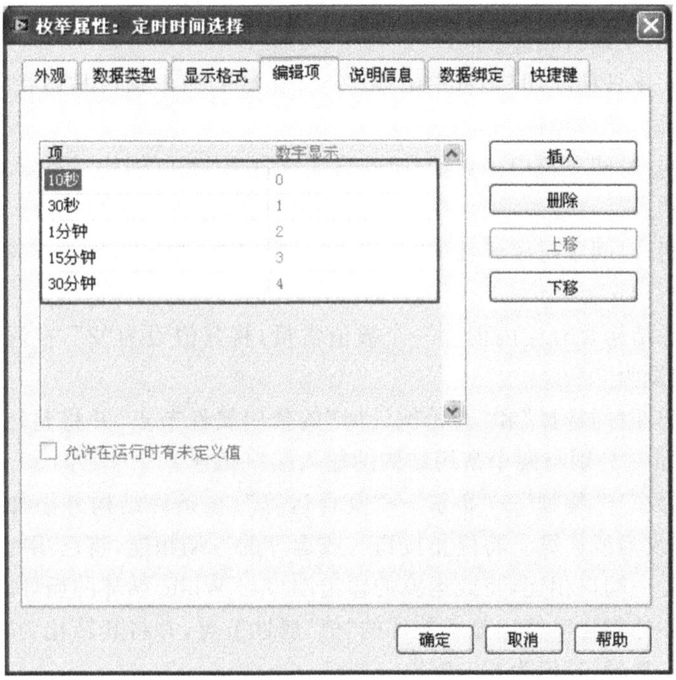

图 6-57　设置定时时间

依次选择"控件"→"新式"→"布尔"→"滑动开关",添加一个滑动开关控件,将开关标签改为"开始倒计时"。

依次选择"控件"→"新式"→"字符串与路径"→"字符串显示控件",添加一个字符串显示控件,将字符串显示控件的标签设为不可见。

依次选择"控件"→"新式"→"布尔"→"停止按钮",添加一个停止按钮。

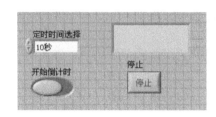

图 6-58 设计好的前面板（实例 6.7）

设计好的前面板如图 6-58 所示。

② 设计程序框图。

依次选择"函数"→"编程"→"结构"→"While 循环"，添加一个 While 循环。

依次选择"函数"→"编程"→"结构"→"条件结构"，在 While 循环内添加两个条件结构。分别将枚举控件的输出端口、滑动开关的输出端口与两个条件结构的条件接线端相连。

在与枚举控件相连的条件结构中添加五个分支，五个分支的名称分别为"10 秒""30 秒""1 分钟""15 分钟""30 分钟"。在相应的分支内分别添加一个数值常量，其值分别为"10""30""60""900""1800"。

依次选择"函数"→"编程"→"定时"→"已用时间"，在与滑动开关相连的条件结构的真分支中添加一个已用时间函数，将已用时间设置为 1 秒。

将与枚举控件相连的条件结构的各分支中的数值常量与已用时间函数的"目标时间"端口相连。

在已用时间函数的"自动重置"端口添加一个假常量。

依次选择"函数"→"编程"→"数值"→"减"，在第二个条件结构中添加一个减函数。将第一个条件结构的各分支中的数值常量与减函数的上端口相连，将已用时间函数的"已用时间"端口与减函数的下端口相连。

添加一个格式化日期/时间字符串函数。将减函数的输出端口与格式化日期/时间字符串函数的"时间标识"端口相连。

在格式化日期/时间字符串函数的"时间格式字符串"端口创建一个字符串常量，在常量内输入"%M:%S"。

将格式化日期/时间字符串函数的"日期/时间字符串"输出端口与字符串显示控件的输入端口相连。

在第二个条件结构真分支内创建一个数值常量，将其值设为"2"，在假分支中创建一个数值常量，将其值设为"0"。

分别创建"定时时间选择"和"开始倒计时"的禁用属性节点，并将其转化为写入。将数值常量 2、数值常量 0 分别与两个禁用结构的输入端口相连。

依次选择"函数"→"编程"→"布尔"→"复合运算"，在条件结构外添加一个复合运算函数，将复合运算修改为或运算。将停止按钮与或运算的一端相连，将已用时间函数的"结束"端口与或运算的另一端口相连，将或运算的输出端口与 While 循环的循环条件接线端相连。

在 While 循环外创建字符串显示控件的"值"属性节点，并将其转化为写入，在"值"输入端创建一个字符串常量，其值为"00:00"。

程序框图如图 6-59 所示。

（3）运行程序。

单击"运行"按钮，设定倒计时时间，打开倒计时开关，观察实验现象。图 6-60 所示为运行界面。

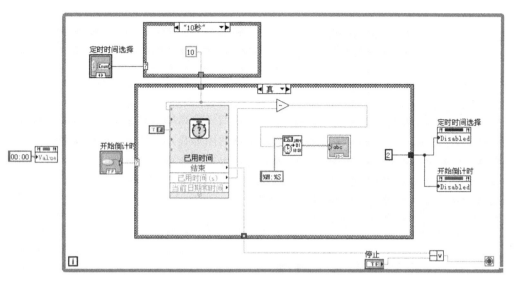

图 6-59 程序框图（实例 6.7）

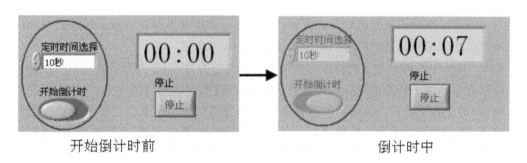

开始倒计时前 倒计时中

图 6-60 运行界面（实例 6.7）

习 题

1. 简述局部变量和全局变量的区别,并说明在使用局部变量和全局变量时应注意哪些事项。

2. 简单说明移位寄存器和反馈节点的功能及二者的异同。

3. 程序设计中子 VI 的功能是什么？创建子 VI 有哪两种方法？创建一个子 VI 最主要的工作是什么？

4. 利用公式节点实现运算：$z = x^3 + 2xy + y^3 + 5x + 5y$ 和 $k = x^2 + 2xy + y^2 + 100$。

图形和图表显示

数据的图形化显示具有直观明了的特点,能够增强数据的表达能力,许多实际的仪器如示波器、信号发生器、频谱分析仪等,都能提供丰富的图形显示。LabVIEW 程序设计也继承了这一优点,对图形化的显示提供了强大的支持。本章的主要内容如下:

- 图形和图表显示概述;
- 常用的图形和图表显示举例;
- 典型实例——基于 LabVIEW 中对任意范围数的实时显示。

7.1 图形和图表显示概述

LabVIEW 作为一种虚拟仪器开发软件,为模拟真实仪器的操作面板和测量数据的图形化实时动态显示提供了强大的交互式界面设计功能。其中图形和图表显示控件就是专门用来实现测量数据图形化显示的常用的虚拟仪器前面板对象之一。

LabVIEW 中的图形显示控件根据数据显示和更新的方式,分为图形显示和图表显示两类。图形显示通常是将数据先存储到数组中,然后再将数据绘制到图形上,当数据绘制到图形上时,图形上将不显示之前绘制的数据而只显示当前更新的数据。与图形显示相反的是图表显示,图表将新的数据点加到已显示的数据点上形成历史记录,在图表中,可以根据先前采集到的数据查看当前读数或测量值,当图表中增加新的数据点时,图表会滚动显示,新添加的数据点在图表右侧,旧的数据点在图表左侧消失。下面几节主要介绍常用的图形和图表显示并举例说明。

7.2 常用的图形和图表显示举例

7.2.1 波形图

波形图用于对已采集数据根据实际要求将数据组织成所需的图形一次显示出来。基本的显示模式是按等时间间隔显示数据点,而且每一时刻对应一个数据点。

波形图位于控件面板下图形子面板中,其位置如图 7-1 所示。单击选中波形图后,在前面板上单击,即可在前面板上放置一个波形图,如图 7-2 所示。

新添加的波形图默认情况下只有图 7-2 所示的这些元素,我们可以通过在波形图上右击,在弹出的快捷菜单中执行"显示项"命令,选择需要显示的元素。图 7-3 所示为一个波形图的组成部分。

下面将介绍其中部分主要元素及其使用方法。

1. 图例

图例用于区分控件中显示的各曲线,通过图例可以设置曲线的名称、线条颜色、线条宽度、数据点样式等内容。当曲线中需要显示多条曲线时,可通过对图例边缘的拖拽操作来增

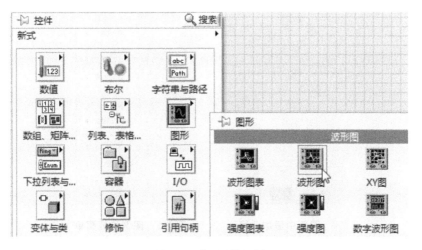

图 7-1　波形图的位置

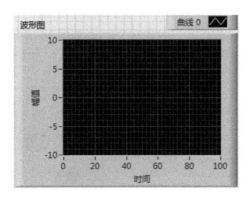

图 7-2　波形图

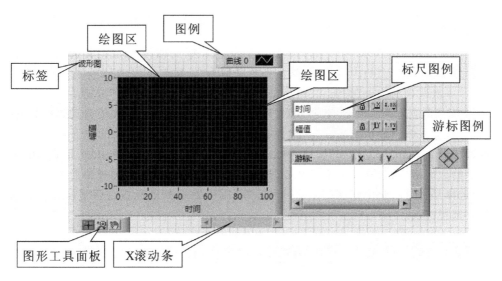

图 7-3　波形图的组成部分

加曲线的数目,如图7-4所示。右击图例处,弹出快捷菜单,如图7-5所示,可以通过菜单中的选项来设置曲线。设置好图例后,绘图区中的曲线将以图例设定的样式进行显示。

7-4 图例中添加曲线   图 7-5 图例快捷菜单

2. 图形工具面板

图形工具面板如图 7-6 所示,可以控制波形的缩放、平移等操作。

由图 7-6 可知,图形工具面板中共有三个按钮:从左到右第一个为游标移动,用于切换操作模式和普通模式;第二个为缩放工具,共包含六个选项,如图 7-7 所示,分别为矩形放大、水平放大、垂直放大、取消上次操作、按一点放大、按一点缩小;第三个为平移工具,用于在 X-Y 平面上移动可视区域位置。

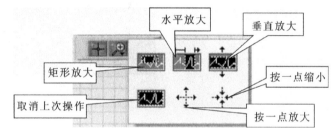

图 7-6 图形工具面板   图 7-7 图形工具面板

3. 标尺图例

标尺图例如图 7-8 所示,标尺图例主要用于设定 X 标尺和 Y 标尺相关选项。标尺图例总共有两行,每一行包含的内容相同,从左到右分别为"标尺名称编辑"文本框、"锁定自动缩放"按钮、"一次性自动缩放"按钮和"刻度格式"按钮。"锁定自动缩放"按钮主要用于设置 X 标尺和 Y 标尺的自动缩放功能,X 标尺和 Y 标尺上的刻度将根据输入值自动调整数值的范围,使得所有输入数据显示出来。"一次性自动缩放"按钮是根据当前的波形数据对刻度进行一次性缩放。单击"刻度格式"按钮,弹出如图 7-9 所示的菜单,菜单中的"格式"用于设置刻度显示的数据格式;"精度"用于定义数据的精度;"映射模式"用于选择映射关系;"显示标尺"用于选择是否显示整个刻度;"显示标尺标签"用于确定刻度标签是否显示;"网格颜色"选项用于选择颜色。

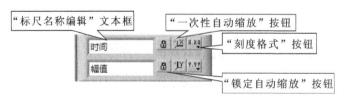

图 7-8 标尺图例   7-9 刻度格式按钮菜单

4. 游标图例

游标图例如图 7-10 所示,它主要用于读取波形曲线上任意点的精确值,游标所在点的坐标值显示在游标图例中。

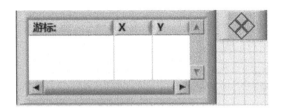

图 7-10　游标图例

下面通过一个实例来说明波形图的用法。

【**实例 7.1**】　在波形图上同时显示一个正弦波和一个随机波形。

(1) 任务要求:在波形图上同时显示一个正弦波和一个随机波形。

(2) 任务实现步骤如下。

① 设计前面板。

依次选择"控件"→"新式"→"图形"→"波形图",添加一个波形图。其位置如图 7-11 所示,将显示曲线设置为两条。

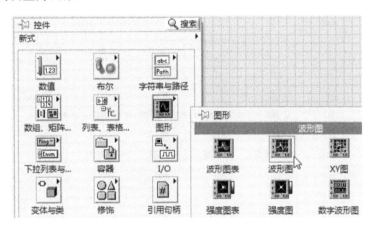

图 7-11　波形图的位置

设计好的前面板如图 7-12 所示。

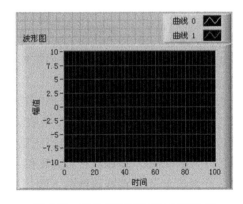

图 7-12　设计好的前面板(实例 7.1)

② 设计程序框图。

依次选择"函数"→"编程"→"结构"→"For 循环",添加一个 For 循环结构。

依次选择"函数"→"编程"→"数值"→"数值常量",向 For 循环的循环总计数端口添加一个数值常量,将常量数值设置为 100。

依次选择"函数"→"数学"→"初等与特殊函数"→"三角函数"→"正弦",在 For 循环内添加一个正弦函数,如图 7-13 所示。

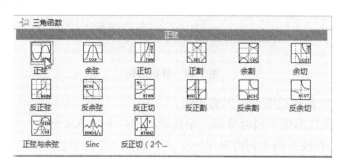

图 7-13 正弦

依次选择"函数"→"编程"→"数值"→"乘"/"除",添加一个除函数和两个乘函数,如图 7-14 所示。

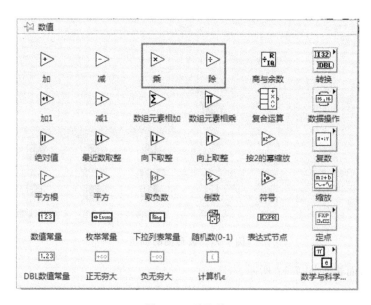

图 7-14 乘和除

将除函数的上端口和 For 循环的计数端口相连,在除函数的下端口创建一个数值常量,将常量值设为 25。

将除函数的输出端口与乘函数的下端口相连,依次选择"函数"→"编程"→"数值"→"数学与科学常量"→"Pi 除以 2",在乘函数的上端口添加一个常数 π/2,如图 7-15 所示。

将 π/2 与乘函数的上端口相连,将乘函数的输出端口与正弦函数的"X"端口相连。

依次选择"函数"→"数值"→"加"/"减",添加一个加函数和一个减函数。

在减函数的上端口添加一个数值常量1,在减函数的下端口添加一个数值常量−1,将减函数的输出端口与乘函数的下端口相连。

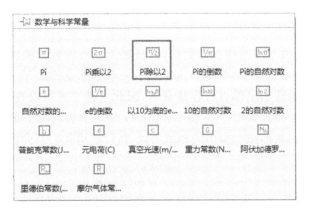

图 7-15 π/2

依次选择"函数"→"编程"→"数值"→"随机数",创建一个随机数,将随机数与乘函数的上端口相连,将乘函数的输出端口与加函数的上端口相连。

将数值常量"-1"与加函数的下端口相连。

依次选择"函数"→"编程"→"数组"→"创建数组",在 For 循环外添加一个创建数组函数,将数组成员设置为两个。将正弦函数的输出端与创建数组一端相连;将加函数的输出端与创建数组的另一端相连。将创建数组的输出端与波形图的输入端相连。

程序框图如图 7-16 所示。

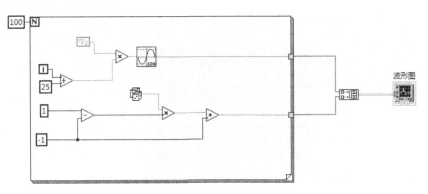

图 7-16 程序框图(实例 7.1)

(3)运行程序。

单击"运行"按钮,观察前面板的现象。图 7-17 所示为运行界面。

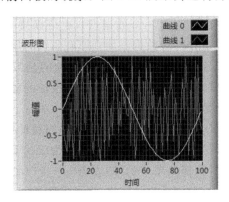

图 7-17 运行界面(实例 7.1)

7.2.2　波形图表

由前面一节知道,波形图在接收新数据时,会先把已有的数据曲线完全清除,然后根据新数据重新绘制整条曲线。而波形图表实时显示一个数据点或若干个数据点,而且新输入的数据点添加到已有曲线的尾部进行连续显示,因此这种方式可以直观地反映被测参数的变化趋势。波形图表的位置如图7-18所示,图7-19所示为波形图表的组成部分,从图7-19中可以看出波形图表与波形图有很多的相似之处,所以这里我们只介绍不同的部分。

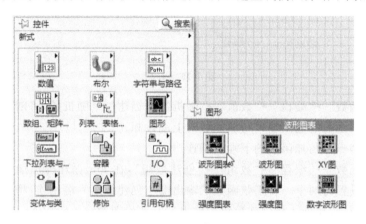

图7-18　波形图表的位置

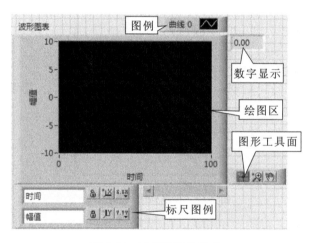

图7-19　波形图表的组成

波形图表控件可以接收标量数据(一个数据点),也可以接收数组(若干个数据点)。如果接收的是标量数据,波形图表控件将数据添加到原有曲线的尾部,若波形超过横轴的显示范围,则曲线将在横轴方向上逐位地向左更新;如果接收的是数组,则波形图表控件将会把数组中的元素一次性地添加到原有数据的尾部,当超过横轴的显示范围时,曲线将在横轴方向上向左更新,每次移动的位数是输入数组元素的个数。

波形图表中有一个缓冲区,是用来保存历史数据的,当缓冲区中容纳的数据大于设定值时,旧数据将会被舍弃。缓冲区中默认存储的数据大小为1 024个数据,要修改缓冲区的大小,只需要右击波形图表,执行快捷菜单中的"图表历史长度"命令,如图7-20所示。

波形图表有三种刷新模式,分别为带状图表、示波器图表、扫描图。右击波形图表,执行快捷菜单中的"高级"→"刷新模式"命令,可显示三种刷新模式,如图 7-21 所示。

 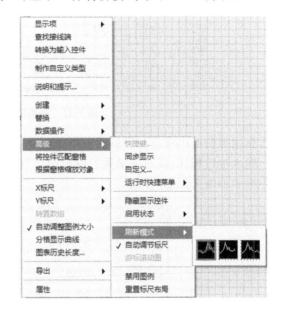

图 7-20　"图表历史长度"命令　　　　图 7-21　波形图表的刷新模式

"带状图表"模式是默认模式,在该模式下,波形从左到右绘制,到达右边界时,旧数据开始从波形图表左边界移出,继续显示新数据;在"示波器图表"模式下,波形从左到右绘制,到达右边界后整个波形图表被清空,然后重新从左到右绘制波形;在"扫描图"模式下,波形从左到右绘制,到达右边界后,波形重新开始从左到右绘制,但此时原有的波形并不清空,而且在最新数据点上有一条从上到下的清除线,这条线随新数据向右移动,逐渐擦除原来的波形。

下面将结合实例 7.1 来将正弦波和随机数显示在波形图表上,通过运行程序观察波形图和波形图表的区别,并比较波形图表的三种刷新模式。

【实例 7.2】　结合实例 7.1,将正弦波和随机数显示在波形图表上。

(1) 任务要求:将正弦波和随机数显示在波形图表上。

(2) 任务实现步骤如下。

① 设计前面板

依次选择"控件"→"新式"→"图形"→"波形图表",添加一个波形图表控件,将图例数设置为两个。

依次选择"控件"→"新式"→"布尔"→"停止按钮",添加一个停止按钮。

设计好的前面板如图 7-22 所示。

② 设计程序框图。

将实例 7.1 中的 For 循环替换为 While 循环,将停止按钮放在 While 循环内部并与 While 循环的循环条件接线端相连。

将添加的波形图表放在 While 循环内部,将实例 7.1 中的波形图和创建数组删除。

依次选择"函数"→"编程"→"簇、类与变体"→"捆绑",添加一个捆绑函数。其位置如图 7-23 所示。

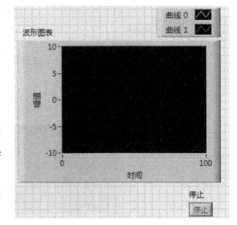

图 7-22　设计好的前面板(实例 7.2)

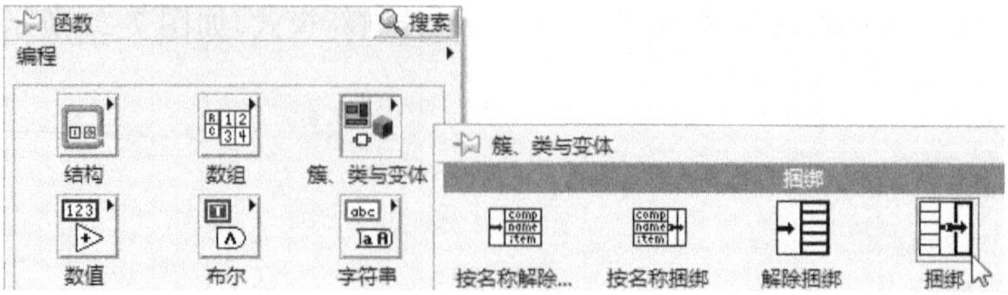

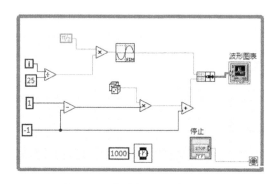

图 7-23　捆绑的位置

将正弦函数的输出端口与捆绑函数的一输入端口相连,将加函数的输出端口与捆绑函数的另一输入端口相连,将捆绑函数的输出端口与波形图表的输入端口相连。

程序框图如图 7-24 所示。

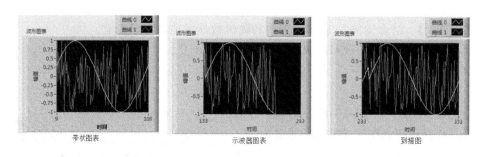

图 7-24　程序框图(实例 7.2)

(3) 运行程序。

单击"运行"按钮,图 7-25 所示为波形图表三种刷新模式下的波形图,图 7-26 所示为波形图和波形图表的显示区别。

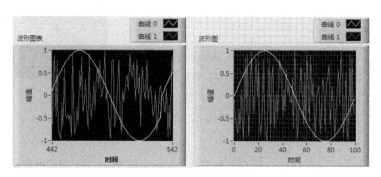

图 7-25　波形图表三种刷新模式下的波形图

图 7-26　波形图和波形图表的显示区别

7.2.3 XY 图

前面介绍的波形图和波形图表控件的 X 标尺都是等间距均匀分布的,其实这在实际中是有一定的局限性的。本节将介绍一种用于显示多值函数的 XY 图,它的曲线形式由用户输入的 X、Y 坐标决定,可用于显示任何均匀采样或非均匀采样的点的集合。XY 图不要求水平坐标等间隔分布,且允许绘制一对多的映射关系。

XY 图位于控件面板下的图形子面板中,如图 7-27 所示。XY 图控件与波形图控件的显示机制类似,都是一次性显示全部的输入数据,但二者的基本输入数据类型是不同的,XY 图控件接收的是簇数组数据,簇数组中的两个元素分别为 X 标尺和 Y 标尺的坐标值。下面主要介绍 XY 图数据组织形式。由 LabVIEW 的帮助文档可查看 XY 图绘制单曲线和多曲线的方法,如图 7-28 所示。

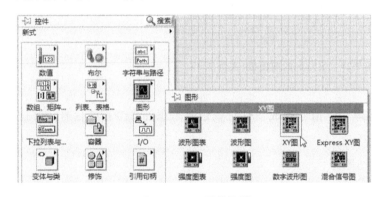

图 7-27 XY 图的位置

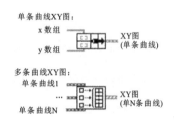

图 7-28 单曲线和多曲线的绘制

1. 绘制单曲线

当 XY 图绘制单曲线时,可以接受如下两种数据组织格式。

(1) X 数组和 Y 数组经过捆绑函数生成簇。绘制曲线时,把相同索引的 X 和 Y 数组元素值作为一个点,按索引顺序连接所有的点生成曲线图。

(2) 簇组成的数组。每个数组元素都是由一个 X 坐标值和一个 Y 坐标值打包生成的,绘制曲线时,按照数组索引顺序连接数组元素,解包后组合而成的数据坐标点。

2. 绘制多条曲线

当 XY 图绘制多条曲线时,同样可以接受如下两种数据组织形式。

(1) 首先由 X 数组和 Y 数组打包成簇建立一条曲线,然后把多个这样的簇作为元素建立数组,即每个数组元素对应一条曲线。

(2) 先把 X 和 Y 两个坐标值打包成簇作为一个点,以点为元素建立数组,然后把每个数组再打包成簇,每个簇表示一条曲线数据,最后建立由簇组成的数组。

下面通过实例来说明 XY 图的用法。

【实例 7.3】 在 XY 图上显示多条曲线。

(1) 任务要求:在 XY 图上显示多条曲线。

(2) 任务实现步骤如下。

① 设计前面板。

依次选择"控件"→"新式"→"图形"→"XY 图",添加一个 XY 图,将图例中元素设置为三个。

设计好的前面板如图 7-29 所示。

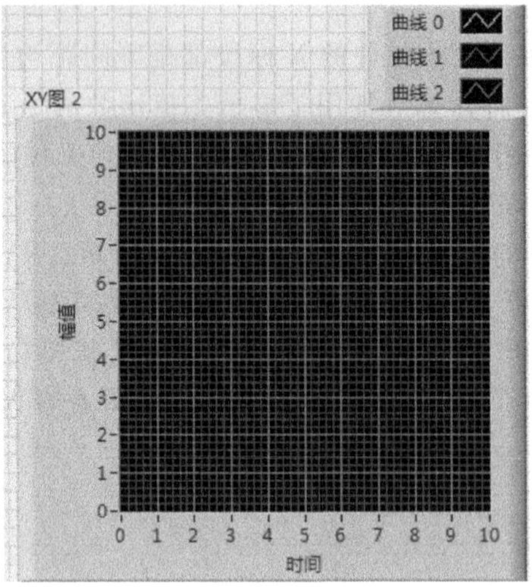

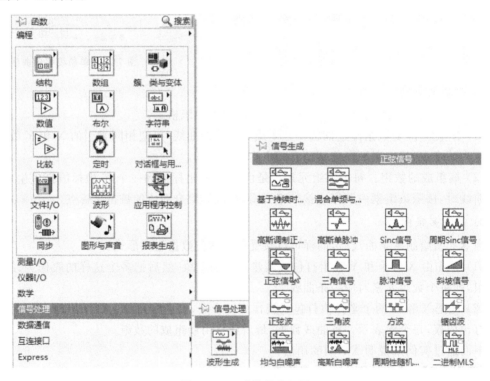

图 7-29　设计好的前面板（实例 7.3）

② 设计程序框图。

依次选择"函数"→"信号处理"→"信号生成"→"正弦信号"，添加六个正弦信号。其位置如图 7-30 所示。

图 7-30　正弦信号的位置

分别在第二、四、六三个正弦信号的"相位"输入端输入数值常量，将常量值分别设为"45""90""135"。

依次选择"函数"→"编程"→"簇、类与变体"→"捆绑"，添加三个捆绑函数，分别将第一个正弦信号输出端与第一个捆绑函数一输入端相连，将第二个正弦信号的输出端与第一个捆绑函数的另一端相连。剩余的四个正弦信号按前面的两个正弦信号的处理方法处理。

依次选择"函数"→"编程"→"数组"→"创建数组",添加一个创建数组函数。将三个捆绑函数的输出端分别与创建数组函数的三个输入端相连,将创建数组函数的输出端与 XY 图的输入端相连。

程序框图如图 7-31 所示。

(3) 运行程序。

单击"运行"按钮,观察前面板上 XY 图显示的曲线。图 7-32 所示为运行界面。

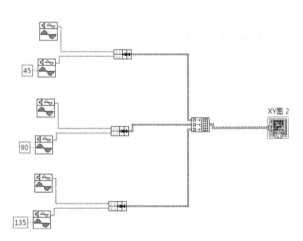

图 7-31　程序框图(实例 7.3)

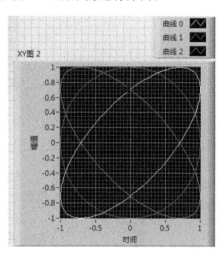

图 7-32　运行界面(实例 7.3)

7.2.4　强度图表和强度图

强度图表和强度图是通过在笛卡儿平面上放置颜色块的方式在二维图形上显示三维数据,例如显示温度图、地形图等。由于强度图和强度图表的用法基本相同,所以本节内容主要以强度图表为主来介绍。

强度图和强度图表位于控件面板的图形子面板下,如图 7-33 所示,放置在前面板的强

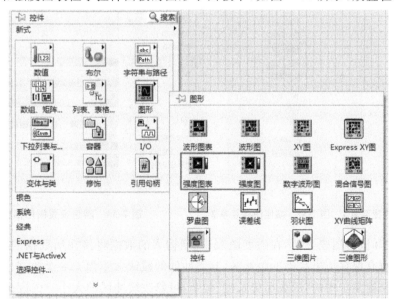

图 7-33　强度图表和强度图的位置

163

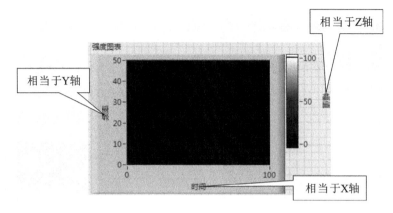

度图表如图 7-34 所示。由图 7-34 可以看到强度图表和前面介绍的图形显示控件在外形上最大的区别在于,强度图表有一个标签为"幅值"的颜色控制组件,如果我们把标签为"时间"和"频率"的坐标轴理解为 X 轴和 Y 轴,那么"幅值"对应的为 Z 轴。

相当于Z轴

相当于Y轴

相当于X轴

图 7-34　强度图表

图 7-35　强度图表默认颜色块

强度图表接受的数据类型为数值元素构成的二维数组,数组的索引值对应"时间"和"频率"的值,数组元素的值对应 Z 轴上数据值,在强度图表的显示区域里,Z 轴数据采用色块的颜色深度来表示,因此,需要定义数值——颜色映射关系。新添加的强度图表默认的颜色块如图 7-35 所示。用户可以根据实际需要对颜色重新定义,下面介绍一种改变颜色梯度的方法。

右击"幅值"的颜色块,弹出的快捷菜单如图 7-36 所示,此时"删除刻度"和"刻度颜色"命令是不可用的,执行"添加刻度"命令,在颜色梯度上添加一新刻度,右击新刻度,弹出的快捷菜单如图 7-37 所示,此时"删除刻度"和"刻度颜色"命令是可用的,执行"刻度颜色"命令,弹出的颜色设置图形面板如图 7-38 所示,用户可以选择相应的颜色来改变梯度颜色。

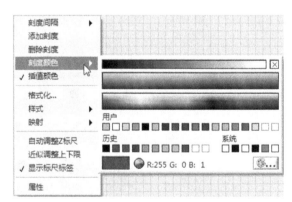

图 7-36　幅值快捷菜单 1　　图 7-37　幅值快捷菜单 2　　　　图 7-38　颜色设置图形面板

强度图表和波形图表类似,在强度图表中,新输入的数据将接在旧数据的后面显示,因此,强度图表也有保存历史数据的缓冲区,其缓冲区的默认大小为 128 个数据。在强度图表上右击,执行快捷菜单中的"图表历史长度"命令,可修改缓冲区的大小。强度图和强度图表的操作类似,不同的是:强度图不保存先前的数据,也不接收"刷新模式"设置,每次将新数据传至强度图时,新数据将替换掉旧数据。下面将通过实例来说明强度图和强度图表显示的不同。

【实例7.4】 将一组相同的二维数组分别显示在强度图表和强度图上,比较二者的差异。

(1) 任务要求:将一组相同的二维数组分别显示在强度图表和强度图上,比较二者的差异。

(2) 任务实现步骤如下。

① 设计前面板。

依次选择"控件"→"新式"→"图形"→"强度图"/"强度图表",在前面板添加一个强度图和一个强度图表。修改强度图和强度图表的 X 轴和 Y 轴的属性,将强度图的 Y 轴范围设为"0~5",X 轴范围设为"0~3";将强度图表的 Y 轴范围设为"0~5",将 X 轴范围设为"0~10"。

设计好的前面板如图 7-39 所示。

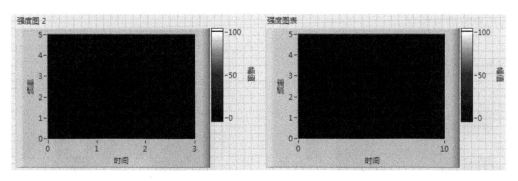

图 7-39 设计好的前面板(实例 7.4)

② 设计程序框图。

依次选择"函数"→"编程"→"结构"→"For 循环",添加一个 For 循环。在 For 循环的循环总计数端口创建一个数值常量,将数值常量设置为"3"。

依次选择"函数"→"编程"→"结构"→"条件结构",在 For 循环内添加一个条件结构。将 For 循环的计数端口与条件结构的条件接线端相连。

在条件结构的分支"1"后面添加一个分支,在增按钮上右击,执行快捷菜单中的"在后面添加分支"命令。

依次选择"函数"→"编程"→"数组"→"数组常量",创建一个数组常量。依次选择"函数"→"编程"→"数值"→"数值常量",向数组常量中添加一个数值常量。将数组常量设置为3行5列,并复制两个数组常量,共三个数组常量。

将三个数组常量分别放在条件结构的分支"0""1""2"中,用户根据自己的习惯将三个数组常量填充完整即可。

将强度图和强度图表放在 For 循环内,分别将三个数组常量的输出端口与强度图、强度图表的输入端口相连。

依次选择"函数"→"编程"→"定时"→"等待",添加一个等待函数,在等待函数的输入端口创建一个数值常量,将数值设置为 1000。

程序框图如图 7-40 所示。

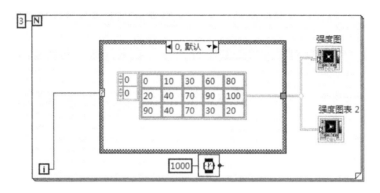

图 7-40　程序框图（实例 7.4）

（3）运行程序。

单击"运行"按钮，观察强度图和强度图表上的区别。图 7-41 所示为运行界面，从强度图和强度图表中可以很明显地看出强度图控件的历史数据被新数据覆盖了，而强度图表控件的历史数据被缓存。

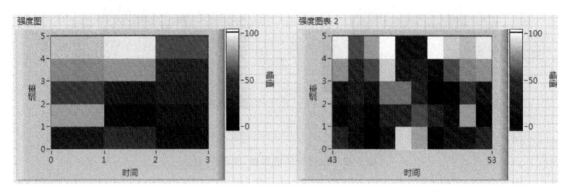

图 7-41　运行界面（实例 7.4）

7.3　典型实例——基于 LabVIEW 中对任意范围数的实时显示

【实例 7.5】　通过波形图表对任意范围的数进行实时显示。

（1）任务要求：设计程序，要求能够实时显示任意范围的数，并规定：若在一定范围内正常运行，则绿灯亮；若超过范围，则红灯亮。

（2）任务实现步骤如下。

① 设计前面板。

依次选择"控件"→"新式"→"数值"→"数值输入控件"，添加三个数值输入控件，将三个数值输入控件的标签分别改为"上限值""下限值""报警值"。

依次选择"控件"→"新式"→"数值"→"数值显示控件"，添加一个数值显示控件，将数值显示控件的标签改为"实时值"。

依次选择"控件"→"新式"→"图形"→"波形图表"，添加一个波形图表控件。

依次选择"控件"→"新式"→"布尔"→"圆形指示灯"，添加两个圆形指示灯，将两个指示灯的标签分别改为"正常"和"报警"。

依次选择"控件"→"新式"→"布尔"→"停止按钮"，添加一个停止按钮。

设计好的前面板如图 7-42 所示。

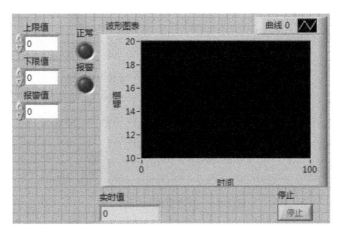

图 7-42　设计好的前面板（实例 7.5）

② 设计程序框图。

依次选择"函数"→"编程"→"结构"→"While 循环"，添加一个 While 循环结构。将停止按钮与 While 循环结构的循环条件端口相连。

将前面板所有添加的控件全部拖入到 While 循环结构内。

依次选择"函数"→"编程"→"数值"→"减"，添加一个减函数。将"上限值"数值输入控件、"下限值"数值输入控件分别与减函数的上下端口相连。

依次选择"函数"→"编程"→"数值"→"随机数"，添加一个随机数。

依次选择"函数"→"编程"→"数值"→"乘"，添加一个乘函数。将随机数的输出端口、减函数的输出端口分别与乘函数的上下端口相连。

依次选择"函数"→"编程"→"数值"→"加"，添加一个加函数。将"下限值"数值输入控件的输出端口、乘函数的输出端口分别与减函数的上下端口相连。

将加函数的输出端口分别与波形图表的输入端口、"实时值"数值显示控件的输入端口相连。

依次选择"函数"→"编程"→"比较"→"大于等于"，添加一个大于等于函数。将加函数的输出端口与大于等于函数的上端口相连，将"报警值"数值输入控件与大于等于函数的下端口相连。

将大于等于函数的输出端口与"报警"圆形指示灯的输入端口相连。

依次选择"函数"→"编程"→"布尔"→"非"，添加一个非函数。将大于等于函数的输出端口与非函数的输入端口相连，将非函数的输出端口与"正常"圆形指示灯的输入端口相连。

依次选择"函数"→"编程"→"定时"→"等待下一个整数倍毫秒"，添加一个等待下一个整数倍毫秒函数。在该函数的输入端创建一个数值常量，其值为"1000"。

程序框图如图 7-43 所示。

（3）运行程序。

设定好上限值、下限值、报警值，单击"运行"按钮，观察实验现象。图 7-44 和图 7-45 所示分别为正常运行状态和报警运行状态。

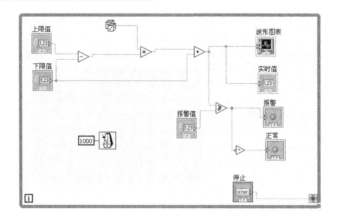

图 7-43　程序框图（实例 7.5）

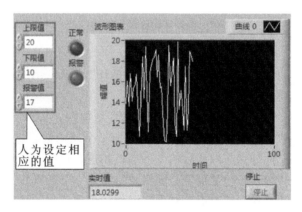

图 7-44　报警运行状态

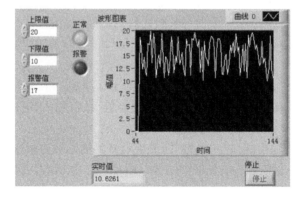

图 7-45　正常运行状态

习　题

1. 简单概述波形图和波形图表的组成，并比较二者的区别。
2. 在波形图中显示正切和余切的曲线。
3. 利用循环生成 5 行 5 列的数组，并最终用强度图显示出来。
4. 利用 XY 图控件绘制两个半径可调的同心圆。

第8章　文件 I/O

在实际应用中,对于一个完整的测试系统或数据采集系统,经常需要从配置文件中读取硬件的配置信息或将配置信息写入到配置文件中,更多的时候是要将采集到的数据以一定的格式存储在文件中加以保存,这些都需要与文件之间进行交互操作,LabVIEW 提供了强大的文件 I/O 函数来实现不同文件的操作。本章的主要内容如下:

- 文件 I/O 的概述;
- 文本文件的写入与读取;
- 二进制文件的写入与读取;
- 波形文件的写入与读取;
- 典型实例——基于 LabVIEW 打开 Word 文档的程序。

8.1　文件 I/O 的概述

文件 I/O 操作,即文件的输入/输出操作,基本的功能是实现从文件中存储或读取数据,除此之外,还可以创建文件、修改文件属性等。文件 I/O 操作主要有:打开和关闭数据文件;读/写数据文件;读/写电子表格文件;移动或重命名文件;修改文件属性;创建、修改和读取配置文件。LabVIEW 提供多种类型的文件供用户使用,下面主要介绍几种在数据采集中常用到的文件类型。

1. 文本文件

我们知道文本文件是以 ASCII 码的格式存储测量数据的,所以在写入文本文件之前需要将数据转换为 ASCII 字符串,正因为文本文件的这个特点,所以它的通用性很好,许多的文本编辑工具都可以访问文本文件,如 Word、Excel 等,由于保存和读取之前需要进行数据转换,导致数据的读取和写入受到很大的影响,另外,用户不能随机地访问文本文件中的某个数据。

2. 电子表格文件

电子表格文件实际上也是一种文本文件,数据的存储仍然是以 ASCII 码存储的,只是该类型的文件对输入数据在格式上做了一些规定。

3. 二进制文件

使用二进制文件格式对测量数据进行读、写操作时是不需要经过任何数据转换的,因此这种文件格式是一种效率很高的文件存储格式,并且这种格式记录文件所占用的内存空间比较小。但是不能使用普通的文本编辑工具访问二进制文件,因此二进制文件的通用性比较差。

4. 数据记录文件

数据记录文件从本质上来说也是一种二进制文件,不同的是,数据记录文件是以记录的格式存储数据的,一个记录中可以包含各种不同类型的数据,另外,这种数据记录文件只能使用 LabVIEW 对其进行读、写操作。

5. 波形文件

波形文件专门用于存储波形数据类型的数据,它将波形数据以一定的格式存储在二进制文件或电子表格文件中。

下面说一个在文件操作过程中需要用到的一种特殊的数据类型,即引用句柄。引用句柄的位置位于控件面板下的引用句柄子面板中,如图 8-1 所示。当我们每次打开或新建一个文件时,LabVIEW 都会返回一个引用句柄,引用句柄包含该文件许多相关的信息,包括文件的大小、访问权限等,所有针对该文件的操作都可以通过这个引用句柄进行。文件被关闭后,引用句柄将被释放,每次打开文件时返回的引用句柄是不一样的。

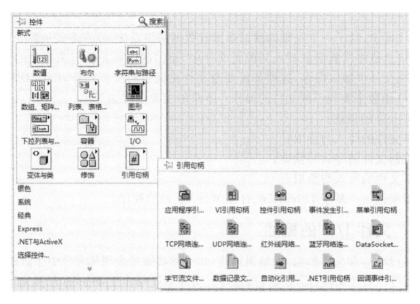

图 8-1　引用句柄的位置

　　LabVIEW 提供了大量的文件 I/O 节点,以满足用户不同的需求。文件 I/O 节点位于函数面板下的文件 I/O 子面板中,如图 8-2 所示。

图 8-2　文件 I/O 节点

8.2 文本文件的写入和读取

LabVIEW 支持的文本文件包含纯文本文件、电子表格文件、XML 文件、Windows 配置文件和测量文件等。

8.2.1 纯文本文件

1. 写入文本文件

写入文本文件的节点在函数面板下文件 I/O 子面板下。图 8-3 所示为写入文本文件的位置。图 8-4 所示为 LabVIEW 本身提供的对写入文本文件的说明。

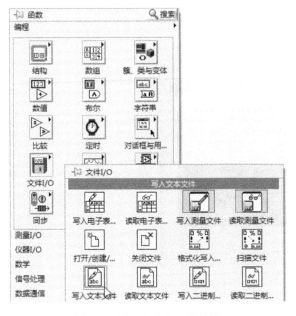

图 8-3　写入文本文件的位置　　　　　图 8-4　写入文本文件的说明

下面通过实例说明写入文本文件的运用。

【实例 8.1】 产生 10 个随机数,显示在波形图表上,并将这 10 个随机数记录到文本文件中。

（1）任务要求：产生 10 个随机数,显示在波形图表上,并将这 10 个随机数记录到文本文件中。

（2）任务实现步骤如下。

① 设计前面板。

依次选择"控件"→"新式"→"字符串与路径"→"文件路径输入控件",添加一个文件路径输入控件。其位置如图 8-5 所示。

依次选择"控件"→"新式"→"图形"→"波形图表",添加一个波形图表控件。

依次选择"控件"→"新式"→"数值"→"数值显示控件",添加一个数值显示控件。

设计好的前面板如图 8-6 所示。

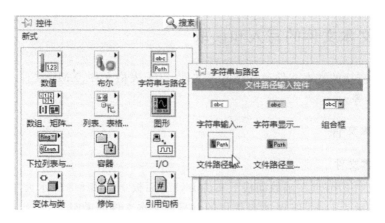

图 8-5　文件路径输入控件的位置

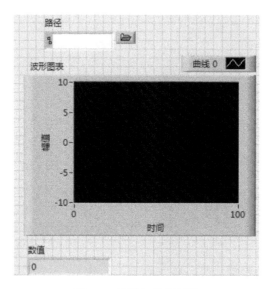

图 8-6　设计好的前面板

② 设计程序框图。

依次选择"函数"→"编程"→"结构"→"For 循环"，添加一个 For 循环。

在 For 循环的循环总计数端口创建一个数值常量，将数值常量的值设为"10"。

依次选择"函数"→"编程"→"数值"→"随机数"，在 For 循环内部添加一个随机数。

将数值显示控件和波形图表控件放到 For 循环内，将随机数的输出端口分别与数值显示控件的输入端口、波形图表控件的输入端口相连。

依次选择"函数"→"编程"→"字符串"→"格式化写入字符串"，在 For 循环内创建一个格式化写入字符串函数。其位置如图 8-7 所示。

将随机数的输出端口与格式化写入字符串函数的输入端口相连，将格式化写入字符串函数的输出端"结果字符串"与 For 循环外部的写入文本文件的"文本"端口相连。

将文件路径输入控件的输出端口与写入文本文件的"文件（使用对话框）"端口相连。

依次选择"函数"→"编程"→"定时"→"等待"，在 For 循环内部添加一个等待函数，为等待函数的输入端口创建一个数值常量，将常量值设为 1000。

程序框图如图 8-8 所示。

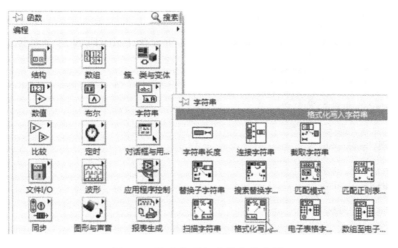

图 8-7　格式化写入字符串的位置

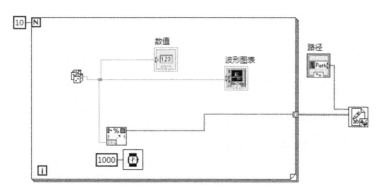

图 8-8　程序框图（实例 8.1）

（3）运行程序。

在相应的磁盘内创建一个空白的 txt 文件并保存。在文件路径输入控件内输入写入文件的位置，单击"运行"按钮，观察前面板波形图表和数值显示控件，当 10 个随机数显示完成后，打开刚才创建的 txt 文件，观察文件是否写进去。图 8-9 所示为运行界面，图 8-10 所示为写入的文本文件。

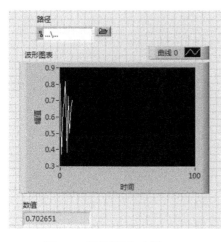

图 8-9　运行界面（实例 8.1）

图 8-10　写入的文本文件

2. 读取文本文件

图 8-11 所示为读取文本文件的位置，图 8-12 所示为 LabVIEW 本身对该节点的说明。

图 8-11　读取文本文件的位置　　　　图 8-12　读取文本文件函数的说明

下面通过实例来说明读取文本文件的用法。

【实例 8.2】　将实例 8.1 中写入的文本文件读取出来。

（1）任务要求：将实例 8.1 中写入的文本文件读取出来。

（2）任务实现步骤如下。

① 设计前面板。

依次选择"控件"→"新式"→"字符串与路径"→"文件路径输入控件"，添加一个文件路径输入控件。

依次选择"控件"→"新式"→"字符串与路径"→"字符串显示控件"，添加一个字符串显示控件。

设计好的前面板如图 8-13 所示。

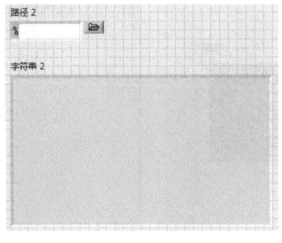

图 8-13　设计好的前面板（实例 8.2）

② 设计程序框图。

依次选择"函数"→"编程"→"文件 I/O"→"读取文本文件",添加一个读取文本文件函数。

将文件路径输入控件的输出端口与读取文本文件的"文件(使用对话框)"端口相连;将读取文本文件的输出端口"文本"与字符串显示控件的输入端口相连。

图 8-14　程序框图(实例 8.2)

程序框图如图 8-14 所示。

(3) 运行程序。

在文件路径输入控件内输入实例 8.1 中写入文件的名称,单击"运行"按钮,观察字符串显示控件中的数值。图 8-15 所示为运行界面。

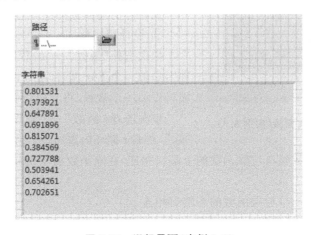

图 8-15　运行界面(实例 8.2)

8.2.2　电子表格文件

1. 写入电子表格文件

写入电子表格文件位于函数面板下的文件 I/O 子面板下,如图 8-16 所示,LabVIEW 本身对写入电子表格文件函数的说明如图 8-17 所示。

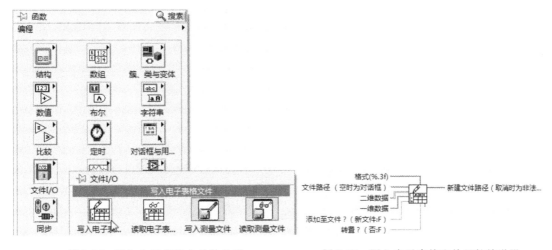

图 8-16　写入电子表格文件的位置　　　　**图 8-17　写入电子表格文件函数的说明**

下面通过实例说明写入电子表格文件函数的用法。

【实例 8.3】 将正弦波和余弦波的数值写入到电子表格中。

（1）任务要求：将正弦波和余弦波的数值写入到电子表格中。

（2）任务实现步骤如下。

① 设计前面板。

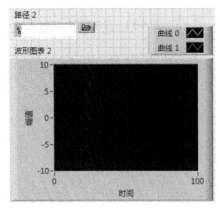

图 8-18　设计好的前面板（实例 8.3）

依次选择"控件"→"新式"→"字符串与路径"→"文件路径输入控件"，添加一个文件路径输入控件。

依次选择"控件"→"新式"→"图形"→"波形图表"，添加一个波形图表控件，将图例中成员数设置为两个。

设计好的前面板如图 8-18 所示。

② 设计程序框图。

依次选择"函数"→"编程"→"结构"→"For 循环"，添加一个 For 循环，在 For 循环的循环总计数端口添加一个常量，将其值设置为"100"。

依次选择"函数"→"编程"→"数值"→"乘"/"除"，在 For 循环内添加一个乘函数和一个除函数。

将 For 循环的计数端口与除函数的上端口相连，在除函数的下端口创建一个数值常量，将常量值设为"25"。

将除函数的输出端口与乘函数的下端口相连。

依次选择"函数"→"编程"→"数值"→"数学与科学常量"→"Pi 除以 2"，添加 $\pi/2$ 常数，将 $\pi/2$ 的输出端口与乘函数的上端口相连。

依次选择"函数"→"数学"→"初等与特殊函数"→"三角函数"→"正弦"/"余弦"，创建一个正弦函数和一个余弦函数。正弦和余弦的位置如图 8-19 所示。

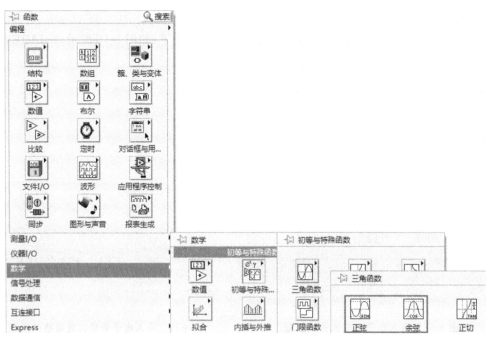

图 8-19　正弦和余弦的位置

将乘函数的输出端口分别与正弦函数和余弦函数的输入端口相连。

将波形图表放置到 For 循环内。依次选择"函数"→"编程"→"簇、类与变体"→"捆绑"，添加捆绑函数。将正弦与余弦的输出端口连接至捆绑函数的输入端口。

将捆绑函数的输出端口连接至波形图表输入端口。

依次选择"函数"→"编程"→"定时"→"等待"，在 For 循环内添加一个等待函数，将等待函数的输入值设定为 200。

依次选择"函数"→"编程"→"文件 I/O"→"写入电子表格文件"，在 For 循环外添加两个写入电子表格文件函数。将正弦的输出端口、余弦的输出端口分别与两个写入电子表格文件函数的"一维数据端口"相连。

将文件路径输入控件的输出端口与两个写入电子表格文件的"文件对话框"端口相连。

在两个写入电子表格文件函数的"添加至文件"端口各创建一个真常量。

程序框图如图 8-20 所示。

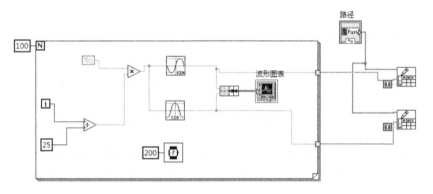

图 8-20　程序框图（实例 8.3）

（3）运行程序。

首先选择写入电子表格文件的位置，然后单击"运行"按钮，运行界面如图 8-21 所示，写入电子表格文件部分数据如图 8-22 所示。

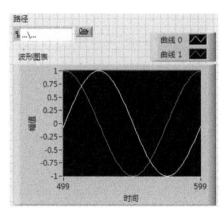

图 8-21　运行界面（实例 8.3）

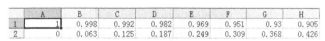

图 8-22　写入电子表格文件部分数据

2. 读取电子表格文件

读取电子表格文件的位置在函数面板下的文件 I/O 子面板下，如图 8-23 所示，LabVIEW 对读取电子表格文件函数的说明如图 8-24 所示。

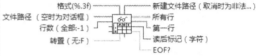

图 8-23 读取电子表格文件的位置   图 8-24 读取电子表格文件函数的说明

【实例 8.4】 利用读取电子表格文件将实例 8.3 中写入的电子表格文件读取出来,并显示在波形图上。

(1)任务要求:利用读取电子表格文件将实例 8.3 中写入的电子表格文件读取出来,并显示在波形图上。

(2)任务实现步骤如下。

① 设计前面板。

依次选择"控件"→"新式"→"字符串与路径"→"文件路径输入控件",添加一个文件路径输入控件。

依次选择"控件"→"新式"→"图形"→"波形图",添加一个波形图控件。将图例中成员数设置为两个。

设计好的前面板如图 8-25 所示。

② 设计程序框图。

依次选择"函数"→"编程"→"文件 I/O"→"读取电子表格文件",添加一个读取电子表格文件函数。

将文件路径输入控件的输出端口与读取电子表格文件的"文件路径"端口相连,将读取电子表格文件的"所有行"输出端口与波形图的输入端口相连。

程序框图如图 8-26 所示。

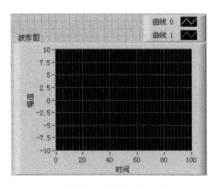

图 8-25 设计好的前面板(实例 8.4)

图 8-26 程序框图(实例 8.4)

（3）运行程序。

在文件路径输入控件内输入实例 8.3 中写入电子表格文件的位置，单击"运行"按钮，观察波形图上的图形。运行界面如图 8-27 所示。

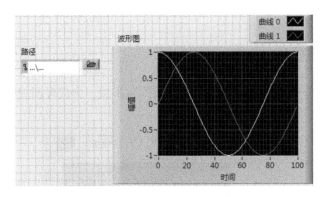

图 8-27 运行界面（实例 8.4）

 ## 8.3 波形文件的写入与读取

1. 波形文件的写入

写入波形至文件位于函数面板下的文件 I/O 子面板中的波形文件 I/O 下，如图 8-28 所示。LabVIEW 对写入波形至文件函数的说明如图 8-29 所示。

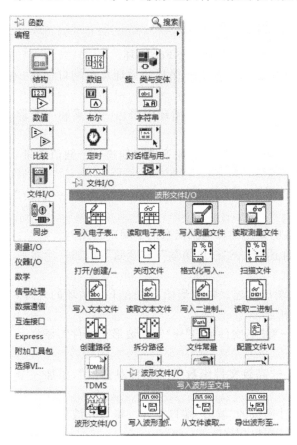

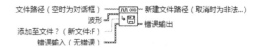

图 8-28 写入波形至文件的位置   图 8-29 写入波形至文件函数的说明

下面通过实例来说明写入波形至文件函数的用法。

【**实例 8.5**】 在波形图中绘制一条余弦曲线,并用写入波形至文件函数将绘图数据写入到文件中。

(1)任务要求:在波形图中绘制一条余弦曲线,并用写入波形至文件函数将绘图数据写入到文件中。

(2)任务实现步骤如下。

① 设计前面板。

依次选择"控件"→"新式"→"图形"→"波形图",添加一个波形图控件。

设计好的前面板如图 8-30 所示。

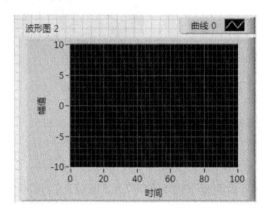

图 8-30　设计好的前面板(实例 8.5)

② 设计程序框图。

依次选择"函数"→"编程"→"结构"→"For 循环",添加一个 For 循环。

依次选择"函数"→"编程"→"数值"→"数值常量",在 For 循环的循环总数端口创建一个数值常量,将常量值改为"100"。

依次选择"函数"→"编程"→"数值"→"乘"/"除",在 For 循环内添加一个乘和一个除函数。

将 For 循环的计数端口与除函数的上端口相连,在除函数的下端口创建一个数值常量,将常量值改为"25"。

依次选择"函数"→"编程"→"数值"→"数学与科学常量"→"Pi 除以 2",添加一个 π/2 数值。

将 π/2 与乘函数的上端口相连,将除函数的输出端口与乘函数的下端口相连。

依次选择"函数"→"数学"→"初等与特殊函数"→"三角函数"→"余弦",添加一个余弦函数。

将乘函数的输出端口与余弦函数的输入端口相连。将波形图放置在 For 循环的外部,将余弦函数的输出端口与波形图的输入端口相连。

依次选择"函数"→"编程"→"文件 I/O"→"波形文件 I/O"→"写入波形至文件",添加一个写入波形至文件函数。

依次选择"函数"→"编程"→"文件 I/O"→"高级文件函数"→"文件对话框",添加一个文件对话框函数。其位置如图 8-31 所示。

将余弦函数的输出端口与写入波形至文件函数的"波形"端口相连。将写入波形至文件函数的"文件路径"与文件对话框的"所选路径"端口相连。

程序框图如图 8-32 所示。

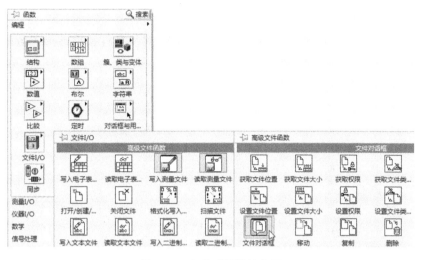

图 8-31　文件对话框的位置

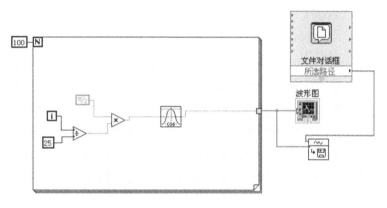

图 8-32　程序框图（实例 8.5）

（3）运行程序。

单击"运行"按钮，会弹出如图 8-33 所示的对话框，输入保存的文件名为"波形文件写入.dat"，单击"确定"按钮即可，运行界面如图 8-34 所示。

图 8-33　写入波形文件

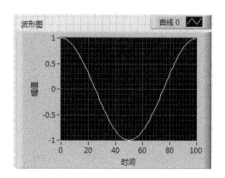

图 8-34　运行界面（实例 8.5）

2. 波形文件的读取

从文件读取波形的位置如图 8-35 所示，LabVIEW 对从文件读取波形函数的用法说明如图 8-36 所示。

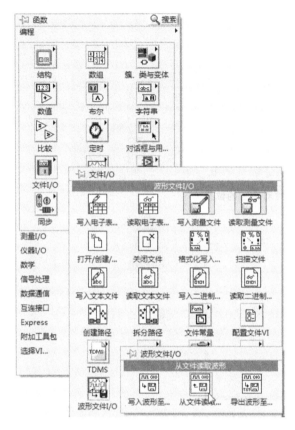

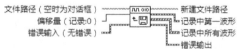

图 8-35　从文件读取波形的位置　　　图 8-36　从文件读取波形的函数的用法

下面通过将实例 8.5 中保存的波形数据读取出来，并显示在波形图上。

【实例 8.6】　将实例 8.5 中保存的波形数据读取出来，并显示在波形图上。

(1) 任务要求：将实例 8.5 中保存的波形数据读取出来，并显示在波形图上。

(2) 任务实现步骤如下。

① 设计前面板。

依次选择"控件"→"新式"→"图形"→"波形图"，添加一个波形图控件。

设计好的前面板如图 8-37 所示。

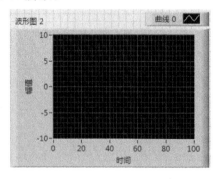

图 8-37　设计好的前面板（实例 8.6）

② 设计程序框图。

依次选择"函数"→"编程"→"文件 I/O"→"高级文件函数"→"文件对话框",添加一个文件对话框。

依次选择"函数"→"编程"→"文件 I/O"→"波形文件 I/O"→"从文件读取波形",添加从文件读取波形函数。

将文件对话框的"所选路径"端口与从文件读取波形的"文件路径"端口相连;将从文件读取波形的"记录中第一波形"端口与波形图输入端口相连。

程序框图如图 8-38 所示。

(3) 运行程序。

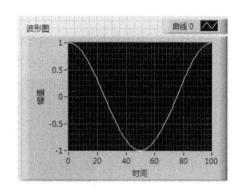

图 8-38　程序框图(实例 8.6)

单击"运行"按钮,弹出如图 8-39 所示的对话框,在对话框内输入实例 8.5 保存的波形文件,单击"确定",运行界面如图 8-40 所示。

图 8-39　选择波形文件

图 8-40　运行界面(实例 8.6)

8.4　二进制文件的写入和读取

1. 二进制文件的写入

写入二进制文件位于函数面板下的文件 I/O 子面板中,如图 8-41 所示,LabVIEW 对写入二进制文件函数的说明如图 8-42 所示。

下面通过实例来简单说明写入二进制文件函数的用法。

【实例 8.7】　产生 10 个随机数,显示在波形图和数组上,并以二进制形式写入到文件中。

(1) 任务要求:产生 10 个随机数,显示在波形图和数组上,并以二进制形式写入到文件中。

(2) 任务实现步骤如下。

① 设计前面板。

依次选择"函数"→"编程"→"图形"→"波形图",添加一个波形图。

依次选择"控件"→"新式"→"数组、矩阵与簇"→"数组",添加一个数组控件。向数组中添加数值显示控件,并将数组成员设置为 10 个。

图 8-41　写入二进制文件的位置

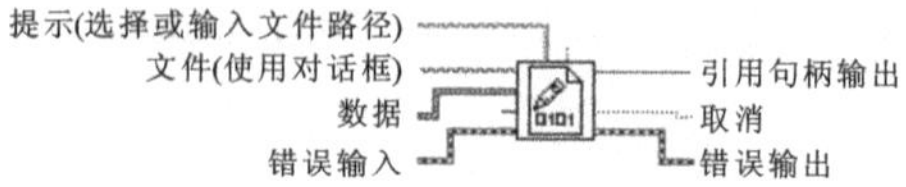

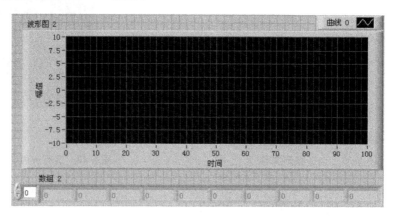

图 8-42　写入二进制文件函数的说明

设计好的前面板如图 8-43 所示。

图 8-43　设计好的前面板(实例 8.7)

② 设计程序框图。

依次选择"函数"→"编程"→"结构"→"For 循环",添加一个 For 循环。

依次选择"函数"→"编程"→"数值"→"数值常量",在 For 循环的循环总计数端口创建一个数值常量,将常量值改为"10"。

依次选择"函数"→"编程"→"数值"→"随机数",在 For 循环内添加一个随机数。

依次选择"函数"→"编程"→"文件 I/O"→"写入二进制文件",在 For 循环外添加一个写入二进制文件函数。

依次选择"函数"→"编程"→"文件 I/O"→"高级文件函数"→"文件对话框",在 For 循环外添加一个文件对话框。

将随机数输出端口与波形图输入端口、数组输入端口和写入二进制文件函数"数据"端口相连;将写入二进制文件函数的"文件(使用对话框)"端口与文件对话框的"所选路径"端口相连。

在写入二进制文件函数的"预置数组或字符串大小"创建一个假常量。

依次选择"函数"→"编程"→"文件 I/O"→"关闭文件",添加一个关闭文件函数。将写入二进制文件函数的"引用句柄输出"和关闭文件的"引用句柄"端口相连。

程序框图如图 8-44 所示。

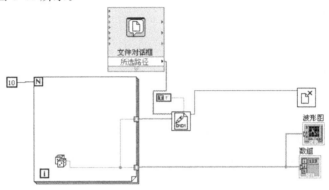

图 8-44 程序框图(实例 8.7)

(3)运行程序。

单击"运行"按钮,弹出如图 8-45 所示对话框,输入要保存二进制文件的名称,单击"确定"按钮,运行界面如图 8-46 所示。

图 8-45 二进制文件的保存

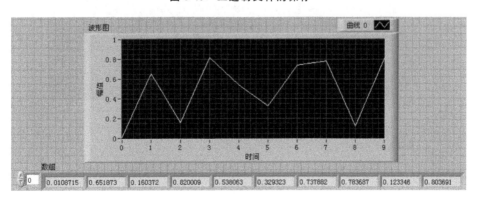

图 8-46 运行界面(实例 8.7)

2. 读取二进制文件

读取二进制文件在函数面板下的文件 I/O 子面板中,如图 8-47 所示,LabVIEW 对读取二进制文件函数的说明如图 8-48 所示。

图 8-47　读取二进制文件的位置　　　　图 8-48　读取二进制文件函数的说明

【**实例 8.8**】　利用读取二进制文件函数将实例 8.7 中写入的二进制文件读取出来,并显示在波形图和数组中。

(1) 任务要求:利用读取二进制文件函数将实例 8.7 中写入的二进制文件读取出来,并显示在波形图和数组中。

(2) 任务实现步骤如下。

① 设计前面板。

依次选择“控件”→“新式”→“图形”→“波形图”,添加一个波形图控件。

依次选择“控件”→“新式”→“数组、矩阵与簇”→“数组”,添加一个数组控件,向数组中添加数值显示控件,将数组成员设置为 10 个。

设计好的前面板如图 8-50 所示。

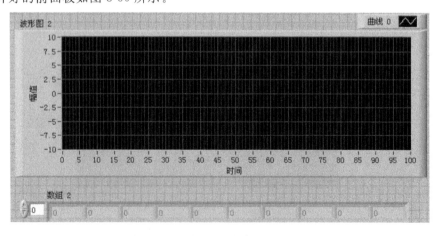

图 8-49　设计好的前面板(实例 8.8)

② 设计程序框图。

依次选择"函数"→"编程"→"文件 I/O"→"高级文件函数"→"文件对话框",添加一个文件对话框。

依次选择"函数"→"编程"→"文件 I/O"→"读取二进制文件",添加读取二进制文件函数。

将文件对话框的"所选路径"端口与读取二进制文件的"文件(使用对话框)"端口相连。

在读取二进制文件的"总数"端口创建一个数值常量,将其值设置为"10"。在该函数的"数据类型"端口创建一个数值常量,其值为"0",将该数值常量的表示法设置为"双精度"。

依次选择"函数"→"编程"→"文件 I/O"→"关闭文件",添加一个关闭文件函数。

将读取二进制文件的"引用句柄输出"端口与关闭文件的"引用句柄"端口相连。

将读取二进制文件函数的"数据"输出端口分别与波形图输入端口、数组输入端口相连。

程序框图如图 8-50 所示。

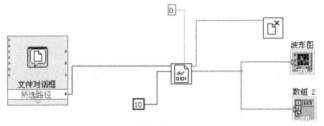

图 8-50 程序框图(实例 8.8)

(3)运行程序。

单击"运行"按钮,在弹出的对话框中输入需要读取的二进制文件,如图 8-51 所示,单击"确定"按钮,运行界面如图 8-52 所示。

图 8-51 选择需要读取的二进制文件

将实例 8.7 中写入二进制文件的数据和波形与实例 8.8 读取出来的二进制文件的数据和波形做比较,观察二者是否一致。

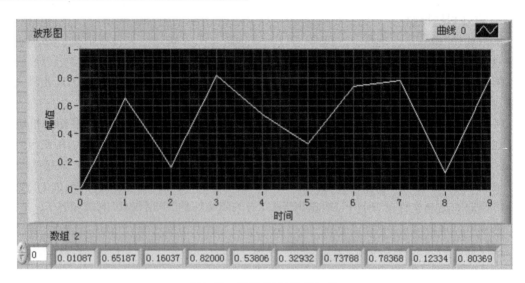

图 8-52　运行界面（实例 8.8）

8.5　典型实例——基于 LabVIEW 打开 Word 文档的程序

【实例 8.9】　利用 LabVIEW 设计一个程序能够打开 Word 文档。

（1）任务要求：利用 LabVIEW 中函数节点设计一个程序，要求能够打开 Word 文档。

（2）任务实现步骤如下。

① 设计前面板。

依次选择"控件"→"新式"→"下拉列表与枚举"→"文本下拉列表"，添加一个文本下拉列表。将其标签改为"打开文件的模式选择"。右击该控件，执行快捷菜单中的"编辑项"命令，进入对话框，编辑完成的对话框如图 8-53 所示。

设计好的前面板如图 8-54 所示。

图 8-53　文本下拉列表的编辑

图 8-54　设计好的前面板（实例 8.9）

② 设计程序框图。

依次选择"函数"→"编程"→"应用程序控制"→"属性节点",添加一个属性节点函数,图
8-56 所示为属性节点的位置。右击属性节点,在弹出的快捷菜单中执行"选择类"→
"ActiveX"→"Word. _Application"命令,如图 8-56 所示。

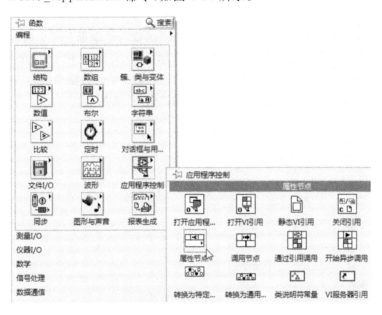

图 8-55　属性节点的位置

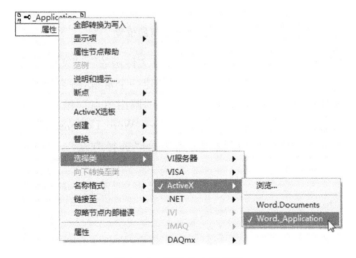

图 8-56　属性节点的设置

将属性节点的属性个数拖拽为三个。右击第一个属性框,执行快捷菜单中的"选择属
性"→"Documents"命令。同理,剩下的两个属性框分别选择"Visible"和"WindowState",将
"Visible"和"WindowState"的属性改为"写入"。

在属性节点的"Visible"端口创建一个真常量。将文本下拉列表输出端口与属性节点的
"WindowState"端口相连。

依次选择"函数"→"互联接口"→"ActiveX"→"打开自动化",添加打开自动化函数节
点。将打开自动化函数节点的输出端口"自动化引用句柄"与属性节点的"引用"端口相连。

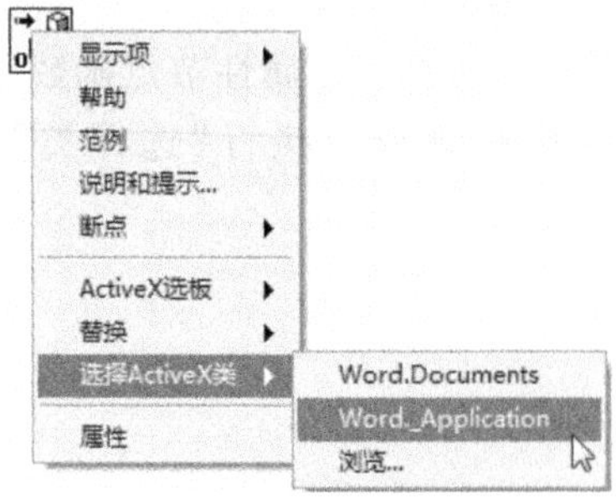

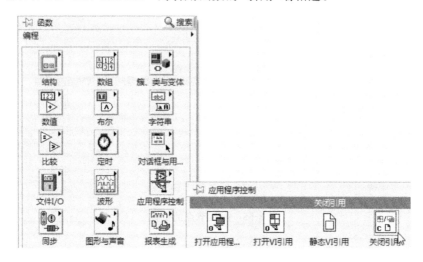

图 8-57　打开自动化函数节点的设置

右击打开自动化函数节点，执行快捷菜单中的"选择ActiveX 类"→"Word. _Application"命令，如图 8-57所示。

在打开自动化函数的输入端口"自动化引用句柄"创建一个常量。

依次选择"函数"→"编程"→"应用程序控制"→"关闭引用"，添加三个关闭引用函数节点。其位置如图 8-59所示。将属性节点的输出端口"引用输出"与关闭引用函数的"引用"端相连。

图 8-58　关闭引用的位置

依次选择"函数"→"编程"→"文件 I/O"→"高级文件函数"→"文件对话框"，添加一个文件对话框。在文件对话框的"类型（所有文件）"端口创建一个常量，将常量值设为"＊.doc"。

依次选择"函数"→"编程"→"应用程序控制"→"调用节点"，添加一个调用节点函数。右击调用节点，执行快捷菜单中的"选择类"→"ActiveX"→"Word. Documents"命令，如图 8-59 所示。

右击调用节点的"方法"框，执行快捷菜单中的"选择方法"→"Open"命令，如图 8-60所示。

图 8-59　调用节点的设置

图 8-60　调用节点的方法设置

将文件对话框的"所选路径"输出端口与调用节点的"FileName"端口相连。

将属性节点的"Documents"输出端口与调用节点的"引用"端口相连。

将调用节点的"引用输出"端口、"Open"输出端口分别与关闭引用函数节点的"引用"端口相连。

程序框图如图 8-61 所示。

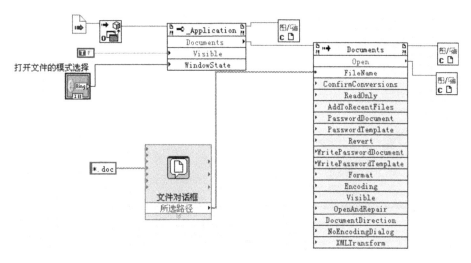

图 8-61 程序框图（实例 8.9）

（3）运行程序。

在前面板选择需要打开 Word 文档的模式，单击"运行"按钮，在弹出的对话框中选择要打开的 Word 文档（见图 8-62），单击"确定"按钮，即可打开相应的 Word 文档，图 8-63 所示为运行界面。

图 8-62 选择要打开的 Word 文档

图 8-63 通过 LabVIEW 打开的 Word 文档

习　　题

1. 简单叙述 LabVIEW 中常用的文件类型有哪些。

2. 分别简单说明什么是文本文件、电子表格文件、二进制文件、数据记录文件、波形文件。

3. 试分析文本文件和二进制文件的区别,并简单说明二者的优缺点。

4. 产生一个余弦波和一个正弦波,并写入二进制文件,再利用读取二进制文件函数将波形显示在波形图上。

第⑨章　串 行 通 信

随着网络技术的快速发展与应用,通过网络实现数据的传递、共享是目前各种应用软件及仪器的必备功能和未来的发展趋势。为了支持网络化的虚拟仪器的开发,LabVIEW 提供了功能强大的网络与通信开发工具,可以很方便地通过网络通信编程来实现远程虚拟仪器设计及数据的传送与共享。LabVIEW 不仅提供传统的 TCP、UDP 网络通信,还提供了非常实用的串行通信等,本章将通过三个典型实例对串行通信进行深入讲解。本章的主要内容如下:

- 串行通信简介;
- 串行通信用到的主要函数节点介绍;
- 典型实例1——PC 与 PC 的串行通信;
- 典型实例2——LabVIEW 与单片机的串行通信;
- 典型实例3——LabVIEW 与西门子 PLC 的串行通信。

9.1　串行通信简介

我们知道在早期,计算机与计算机之间、计算机与外围设备之间的通信通常有两种方式,即串行通信和并行通信。并行通信的各位数据位是同时传输的,它的传输速率很快,但是由于占用的数据线较多,并且成本较高,所以只适合于较短距离的通信,当传输的距离过远时,传输数据的可靠性将随着距离的增加而下降。例如,早期的计算机与打印机之间的连接使用的就是并行通信。串行通信是指在单根数据线上逐位传送数据。在数据发送过程中,每发送完一个数据,就会接着发送第二个数据。同理,接收数据时,从单根数据线上逐位接收,当所有的数据接收完成时,再把它们拼接成一个完整的数据。在远距离数据通信中,一般使用串行通信,它占用的数据线较少,成本也比较低。

在串行通信中,根据时钟控制数据发送和接收的方式,串行通信又可以分为同步串行通信和异步串行通信。同步串行通信是指在相同的数据传输速率下,发送端和接收端的通信频率保持严格的一致性,因此这种通信方式不需要起始位和停止位,可以提高数据的传输效率,但是对发送端和接收端的要求较高,因此成本也相对较高。相反,异步串行通信在发送端和接收端不需要保持严格的同步,允许有时间的延迟,即收、发两端的频率差在10%以内,都是可以保证正常通信的。但是,为了进行有效的通信,通信双方必须遵从统一的通信协议,采用统一的数据传输格式、相同的数据传输速率。异步串行通信数据由起始位、数据位、奇偶校验位和停止位组成,其格式如图 9-1 所示。

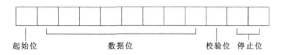

图 9-1　异步串行通信格式

在异步串行通信中,我们用波特率来表示数据传输速率的参数,通常规定的波特率有

50、75、110、150、300、600、1200、2400、4800、9600 和 19200 等。为了保证能够成功地进行数据传输,在使用异步串行通信实现数据传输时必须指定四个参数:传输的波特率、对字符编码的数据位数、奇偶校验位和停止位数。

9.2 串行通信主要用到的函数节点介绍

LabVIEW 串行通信函数位于函数面板的串口子面板中,如图 9-2 所示。

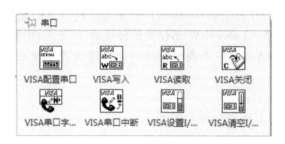

图 9-2 串口子面板

LabVIEW 串行通信中我们主要用到的函数节点为 VISA 配置串口、VISA 写入、VISA 读取、VISA 关闭、VISA 串口字节数。下面将对这五个函数节点做简单的介绍。

1. VISA 配置串口

VISA 配置串口的图标为 ，该函数节点的功能是将“VISA 资源名称”指定的串口按特定的设置初始化。该函数节点是一个多态的 VI,通过将数据连线至“VISA 资源名称”输入端可以确定要使用的多态实例,当然也可以手动选择。该函数节点的端口定义如图 9-3 所示。

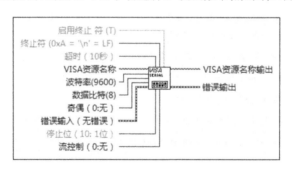

图 9-3 VISA 配置串口函数节点端口定义

VISA 配置串口函数节点各端口定义如下。

启用终止符:使串行设备做好识别终止符的准备。如值为 TRUE(默认),VI_ATTR_ASRL_END_IN 属性将被设置为识别终止符,当设置的值为 FALSE,VI_ATTR_ASRL_END_IN 属性将被设置为不识别终止符。

终止符:通过调用终止读取操作。从串行设备读取终止符后读取操作将被终止。

超时:设置写入和读取操作的超时值,以毫秒为单位,默认值为 10000。

VISA 资源名称:指定要打开的资源。VISA 资源名称控件也可指定会话句柄和类。

波特率:传输速率,默认值为 9600。

数据比特:输入数据的位数。数据位的值介于 5 和 8 之间,默认值为 8。

奇偶:指定要传输或接收的每一帧所使用的奇偶校验。该输入选项包括0(No Parity,默认)、1(Odd Parity)、2(Even Parity)、3(Mark Parity)、4(Space Parity)。

停止位:指定用于表示帧结束的停止位的数量。该输入支持选项包括10(1停止位)、15(1.5停止位)和20(2停止位)。

流控制:设置传输机制使用的控制类型。

VISA资源名称输出:由VISA函数返回的VISA资源名称的副本。

2. VISA写入

VISA写入函数节点的图标为 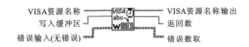,该函数节点的功能是将写入缓冲区的数据写入"VISA资源名称"指定的设备或接口中。该函数节点的端口定义如图9-4所示。

图9-4 VISA写入函数节点端口定义

VISA写入函数节点各端口定义如下。

VISA资源名称:指定要打开的资源。VISA资源名称控件也可指定为会话句柄和类。

写入缓冲区:包含要写入设备的数据。

VISA资源名称输出:由VISA函数返回的VISA资源名称副本。

返回数:包含实际写入的字节数。

3. VISA读取

VISA读取函数节点的图标为 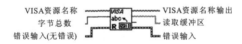,该函数节点的功能是从"VISA资源名称"指定的设备或接口中读取指定数量的字节,并将数据返回至读取缓冲区,VISA读取函数节点的端口定义如图9-5所示。

图9-5 VISA读取函数节点端口定义

VISA读取函数节点的各端口定义如下。

VISA资源名称:指定打开的资源。VISA资源名称控件也可指定会话句柄和类。

字节总数:要读取的字节数量。

VISA资源名称输出:由VISA函数返回的VISA资源名称的副本。

读取缓冲区:包含从设备读取的数据。

返回数:包含实际读取的字节数。

4. VISA关闭

VISA关闭函数节点的图标为 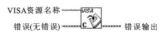,该函数节点的功能是关闭"VISA资源名称"指定的设备会话句柄或事件对象。VISA关闭函数节点的端口定义如图9-6所示。

图9-6 VISA关闭函数节点端口定义

5. VISA 串口字节数

VISA 串口字节数的图标为 $\begin{smallmatrix}\text{VISA}\\\text{☎H}\end{smallmatrix}$，该函数节点的功能是返回指定串口输入缓冲区的字节数，它是一个属性节点，用户可以通过右击它，在弹出的快捷菜单进行设置。

9.3 串行通信的典型实例

9.3.1 PC 与 PC 的串行通信

在实际使用中，常使用串口通信线将两个串口设备连接起来。串口线的制作不是很复杂，准备好两个九孔的串口接线端子（因为计算机上的串口为公头，所以连线端使用母头）和三根导线（最好采用三芯屏蔽线），按照图 9-7 所示内容将导线焊接到接线端子上，图中 2 号接收脚和 3 号发送脚交叉连接是因为采用直连方式时，将通信双方都视为数据终端设备，双方既可以收也可以发。在计算机通电前，按照图 9-8 所示将两台 PC 机的串口连接起来。

图 9-7　串口通信线的制作

图 9-8　串口连接

【**实例 9.1**】　采用 LabVIEW 编写程序实现 PC 与 PC 的串行通信。

（1）任务要求：两台计算机要求能够互相发送并接收数据，例如在 PC1 上发送"收到请回答"，若 PC2 收到，则回复"收到，OK"。

（2）任务实现步骤如下。

① 设计前面板。

依次选择"控件"→"新式"→"I/O"→"VISA 资源名称"，添加一个 VISA 资源名称。其位置如图 9-9 所示。

依次选择"控件"→"新式"→"字符串与路径"→"字符串显示控件"，添加一个字符串显示控件，将标签改为"接收区"。

依次选择"控件"→"新式"→"字符串与路径"→"字符串输入控件"，添加一个字符串输入控件，将标签改为"发送区"。

依次选择"控件"→"新式"→"布尔"→"确定按钮"，添加一个确定按钮。修改确定按钮属性,使标签不可见,将布尔文本修改为"发送"。

依次选择"控件"→"新式"→"布尔"→"停止按钮",添加一个停止按钮。修改停止按钮属性,将标签设置为不可见,将布尔文本修改为"关闭"。

设计好的前面板如图 9-10 所示。

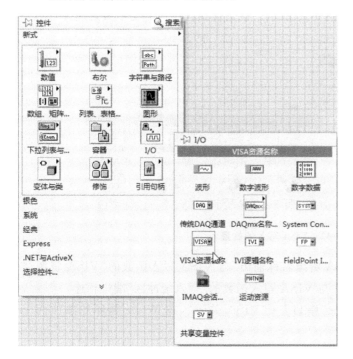

图 9-9　VISA 资源名称的位置　　　　图 9-10　设计好的前面板(实例 9.1)

② 设计程序框图。

依次选择"函数"→"仪器 I/O"→"串口"→"VISA 配置串口",添加一个 VISA 配置串口。其位置如图 9-11 所示。

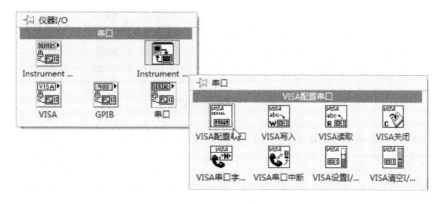

图 9-11　VISA 配置串口的位置

将 VISA 资源名称与 VISA 配置串口的"VISA 资源名称"相连,在 VISA 配置串口的"波特率""数据比特""奇偶""停止位"四个端口分别创建常量,其值分别为"9600""8""None""1.0"。

依次选择"函数"→"编程"→"结构"→"While 循环",添加一个 While 循环。将停止按钮与 While 循环的循环条件接线端相连。

依次选择"函数"→"编程"→"结构"→"条件结构",在 While 循环内添加两个条件结构,将确定按钮与第一个条件结构的条件接线端相连。

依次选择"函数"→"仪器 I/O"→"串口"→"VISA 写入",在第一个条件结构的真分支中添加一个 VISA 写入函数。其位置如图 9-12 所示。该条件结构的假分支不做处理。

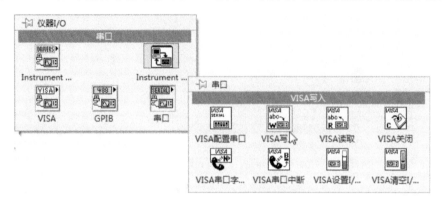

图 9-12　VISA 写入的位置

将 VISA 配置串口的输出端"VISA 资源名称输出"与 VISA 写入函数的"VISA 资源名称"相连。将"发送区"字符串输入控件与 VISA 写入函数的"写入缓冲区"端口相连。

依次选择"函数"→"仪器 I/O"→"串口"→"VISA 关闭",在 While 循环外添加两个 VISA 关闭函数。其位置如图 9-13 所示。

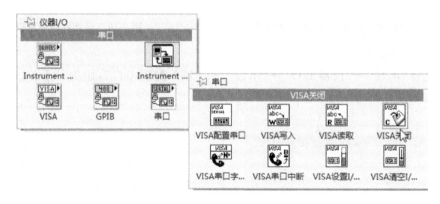

图 9-13　VISA 关闭的位置

将 VISA 写入函数的输出端口"VISA 资源名称输出"与第一个 VISA 关闭函数的"VISA 资源名称"相连。

依次选择"函数"→"仪器 I/O"→"串口"→"VISA 串口字节数",在 While 循环内添加一个 VISA 串口字节数。将 VISA 配置串口的输出端"VISA 资源名称输出"与 VISA 串口字节数的"引用"端相连。

依次选择"函数"→"编程"→"比较"→"不等于 0?",添加一个不等于 0 函数。将 VISA 串口字节数的输出端口"Number of bytes at Serial port"与不等于 0 函数的输入端口相连。将不等于 0 函数的输出端口与第二个条件结构的条件接线端相连。

依次选择"函数"→"仪器 I/O"→"串口"→"VISA 读取",在条件结构的真分支中添加一个 VISA 读取函数。其位置如图 9-14 所示。该条件结构的假分支不做处理。

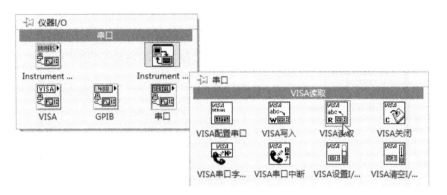

图 9-14 VISA 读取的位置

将 VISA 串口字节数的输出端"引用输出"与 VISA 读取函数的输入端"VISA 资源名称"相连。将 VISA 串口字节数的输出端"Number of bytes at Serial port"与 VISA 读取函数的输入端"字节总数"端口相连。

将 VISA 读取函数的输出端"VISA 资源名称输出"与 VISA 关闭函数的输入端"VISA 资源名称"端口相连。将 VISA 读取函数的输出端"读取缓冲区"与"接收区"字符串显示控件的输入端口相连。

依次选择"函数"→"编程"→"定时"→"等待下一个整数倍毫秒",添加等待下一个整数倍毫秒函数。在该函数的输入端口"毫秒倍数"创建一个数值常量,其值为"500"。

程序框图如图 9-15 所示。

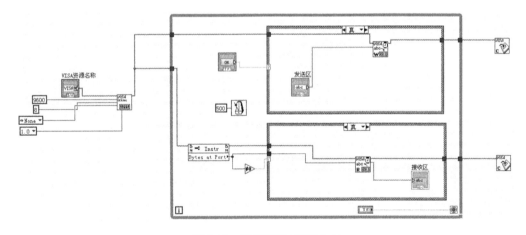

图 9-15 程序框图(实例 9.1)

(3)运行程序。

由于没有两台计算机,所以这里我们利用串口调试助手模拟第二台计算机,利用虚拟串口将串口调试助手和 LabVIEW 端连接起来。图 9-16 所示为我们新建的一对虚拟串口。

单击 LabVIEW 端的"运行"按钮,在发送区输入"abcdefg",单击"发送",观察串口调试助手的接收区,在串口调试助手的发送区发送"ABCDEFG",单击"发送",观察 LabVIEW 前面板的"接收区"。图 9-17 和图 9-18 所示为串口调试助手、LabVIEW 端之间的收与发。

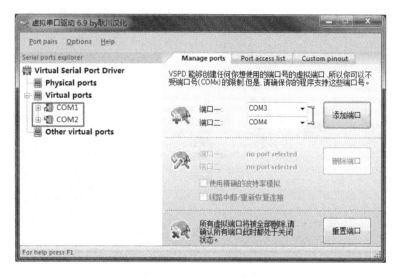

图 9-16　新添加的虚拟串口

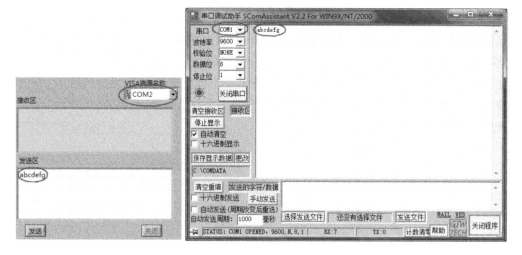

图 9-17　LabVIEW 端发送，串口调试助手接收

200

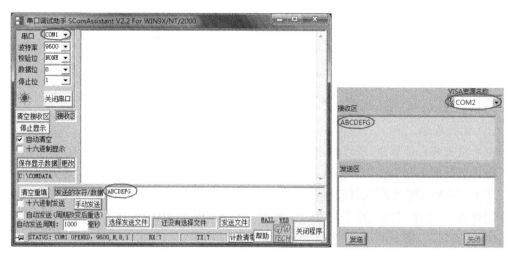

图 9-18　串口调试助手发送，LabVIEW 端接收

9.3.2 LabVIEW 与单片机的串行通信

下面通过实例来讲解 LabVIEW 与单片机的串行通信。

【实例 9.2】 实现 LabVIEW 与单片机的串行通信,并使 LabVIEW 控制单片机开发板上的 LED 灯的亮灭。

(1) 任务要求:在单片机端和 LabVIEW 端编写相应的程序,实现 LabVIEW 与单片机的串行通信,并使 LabVIEW 能够控制单片机开发板上 LED 灯的亮灭,并将该数值返回到 LabVIEW 前面板相应的显示控件上。

(2) 任务实现步骤如下。

① 单片机端的程序编写。

利用 keil C51 编写的单片机端的程序如下所示。

```
#include "reg51.h"
void main()                    //主程序
{
    p0=0;
    SCON=0X50;
    PCON=0X80;
    TMOD=0X20;
    TH1=0XF3;
    TR1=1;
    ES=1;
    EA=1;
    while(1);
}
void usart() interrupt 4       //串口中断程序
{
    unsigned char a;
    a=SBUF;                    //单片机接收数据
    P0=a;
    RI=0;
    SBUF=a;                    //单片机发送数据
    while(!TI);
    TI=0;
}
```

将 C51 程序生成 HEX 文件,采用 STC-ISP 软件将 HEX 文件下载到单片机中,然后打开串口调试助手对程序进行调试,观察能否控制单片机开发板上 LED 灯的亮灭。

打开串口调试助手,首先设置串口号为 COM2、波特率为 4800、校验位为 NONE、数据位为 8、停止位为 1,这些参数的设置应当与单片机程序中的参数保持一致,因此该参数的设置不是唯一的。选择"十六进制发送"和"十六进制显示",打开串口。在发送框内依次输入十六进制数"00、01、02……FF",观察单片机开发板上 LED 灯的变化,观察串口调试助手的接收区是否接收到单片机返回的数据,如图 9-19 所示为串口调试助手接收区接收到的单片机开发板返回的数据。

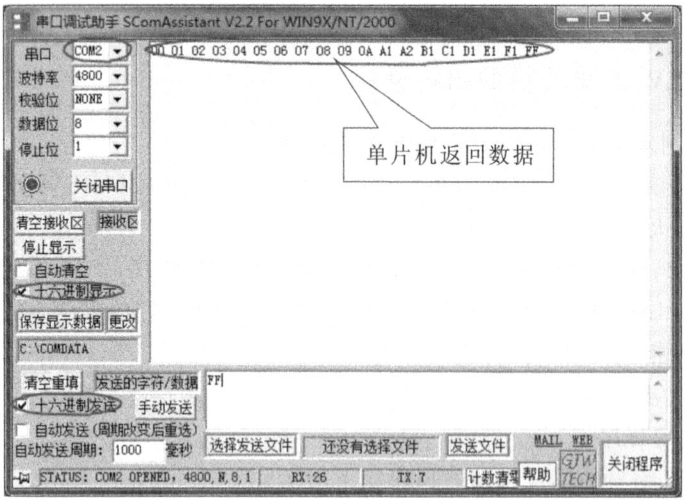

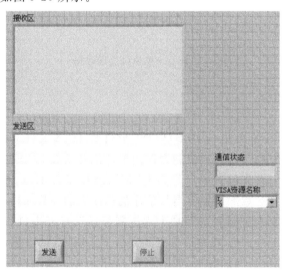

图 9-19　串口调试助手接收区接收到的数据

② 设计 LabVIEW 端的前面板及程序框图。

a. 设计前面板。

依次选择"控件"→"新式"→"I/O"→"VISA 资源名称",添加一个 VISA 资源名称。

依次选择"控件"→"新式"→"字符串与路径"→"字符串显示控件",添加两个字符串显示控件。将两个字符串显示控件的标签分别改为"接收区"和"通信状态"。将标签为"接收区"的字符串显示控件的显示属性设置为"十六进制显示"。

依次选择"控件"→"新式"→"字符串与路径"→"字符串输入控件",添加一个字符串输入控件,将标签改为"发送区",将属性改为"十六进制显示"。

依次选择"控件"→"新式"→"布尔"→"确定按钮",添加一个确定按钮。修改确定按钮的属性,使确定按钮的标签不可见,布尔文本修改为"发送"。

依次选择"控件"→"新式"→"布尔"→"停止按钮",添加一个停止按钮。修改停止按钮的属性,使停止按钮的标签不可见,布尔文本修改为"停止"。

设计好的前面板如图 9-20 所示。

图 9-20　设计好的前面板(实例 9.2)

b. 设计程序框图。

依次选择"函数"→"仪器 I/O"→"串口"→"VISA 配置串口",添加一个 VISA 配置串口。将 VISA 资源名称的输出端口与 VISA 配置串口的输入端"VISA 资源名称"相连。将 VISA 配置串口的波特率端设置为 4800、数据比特设置为 8、奇偶校验设置为 None、停止位设置为 1。

依次选择"函数"→"编程"→"结构"→"While 循环",添加一个 While 循环。将停止按钮与 While 循环的循环条件端口相连。

依次选择"函数"→"编程"→"结构"→"条件结构",在 While 循环内添加一个条件结构。将确定按钮与条件结构的条件接线端相连。

依次选择"函数"→"编程"→"结构"→"平铺式顺序结构",在条件结构的真分支中添加一个平铺式顺序结构,将平铺式顺序结构的分支设置为五个。对条件结构的假分支不做任何处理。

依次选择"函数"→"仪器 I/O"→"串口"→"VISA 写入",在平铺式顺序结构的第一个分支中添加一个 VISA 写入函数。将 VISA 配置串口的输出端口"VISA 资源名称输出"与 VISA 写入函数的输入端口"VISA 资源名称"相连。将"发送区"的字符串输入控件与 VISA 写入函数的"写入缓冲区"相连。

依次选择"函数"→"编程"→"定时"→"等待下一个整数倍毫秒",在平铺式顺序结构的第二个分支中添加等待下一个整数倍毫秒函数,在该函数的输入端口创建一个数值常量,其值为"100"。

依次选择"函数"→"仪器 I/O"→"串口"→"VISA 串口字节数",在平铺式顺序结构的第三分支中添加一个 VISA 串口字节数函数。将 VISA 写入函数的输出端口"VISA 资源名称输出"与 VISA 串口字节数函数的"引用"端口相连。

依次选择"函数"→"仪器 I/O"→"串口"→"VISA 读取",添加一个 VISA 读取函数。将 VISA 串口字节数的输出"引用输出"与 VISA 读取函数的输入端"VISA 资源名称"相连。将 VISA 串口字节数的输出端"Number of bytes at Serial port"与 VISA 读取函数的"字节总数"端口相连。将 VISA 读取函数的输出端口"读取缓冲区"与"接收区"字符串显示控件的输入端相连。

依次选择"函数"→"编程"→"定时"→"等待下一个整数倍毫秒",在平铺式顺序结构的第四个分支中添加一个等待下一个整数倍毫秒函数。在该函数的输入端创建一个数值常量,将其值设为"100"。

依次选择"函数"→"编程"→"结构"→"条件结构",在平铺式顺序结构的第五分支中添加一个条件结构。

分别创建"发送区"字符串输入控件、"接收区"字符串显示控件和"通信状态"字符串显示控件的局部变量。

依次选择"函数"→"编程"→"比较"→"等于?",添加一个等于函数。将"发送区"字符串输入控件和"接收区"字符串显示控件的局部变量分别与等于函数的上、下两个端口相连。将等于函数的输出端口与条件结构的条件接线端相连。

将"通信状态"字符串显示控件放置在条件结构的真分支中,在字符串显示控件的输入端口创建一个字符串常量,其值为"通信正常"。将"通信状态"字符串显示控件的局部变量放置在条件结构的假分支中,同理创建一个字符串常量,其值为"通信异常"。

依次选择"函数"→"仪器 I/O"→"串口"→"VISA 关闭",在 While 循环外添加一个

VISA 关闭函数。将 VISA 读取函数的输出端口"VISA 资源名称输出"与 VISA 关闭函数的输入端口"VISA 资源名称"相连。

程序框图如图 9-21 所示。

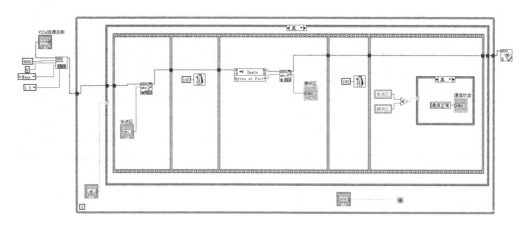

图 9-21　程序框图（实例 9.2）

（3）运行程序。

在 VI 程序前面板的"VISA 资源名称"内输入相应的串口号，开启单片机的电源，单击"运行"按钮。在"发送区"依次输入"00、01……FF"，观察单片机开发板上 LED 灯的变化和接收区接收到的从单片机返回的数据。图 9-22 所示为运行界面。

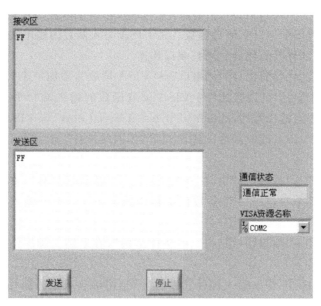

图 9-22　运行界面（实例 9.2）

9.3.3　LabVIEW 与西门子 PLC 的串行通信

将 PC 机的 COM1 口与西门子 PLC 的下载口通过 PC/PPI 电缆连接起来。PLC 端接入 220V 交流电，在输入端将 M 与 1M 相连接，用 L＋来碰触 I0.0、I0.1……I1.4 等来模拟开关的接通与断开，在输出端将 1L 和 2L 用导线连接起来。线路连接如图 9-23 所示。

下面通过实例来说明 LabVIEW 与西门子 PLC 的串行通信。

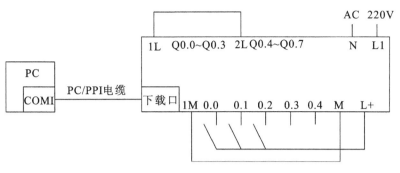

图 9-23   PC 与 PLC 的连接及 PLC 自身的连接

【实例 9.3】   利用串口通信在 LabVIEW 端读取 PLC 输出端口 Q0.0 至 Q0.7 的状态。

（1）任务要求：分别在 PLC 端和 LabVIEW 端编写相应的程序。PLC 端要求输出端口 Q0.0 至 Q0.7 依次亮灭，LabVIEW 端读取该端口的状态，并在前面板用布尔灯显示出来。

（2）任务实现步骤如下。

① 编写 PLC 端程序。

PLC 端 I0.0 为启动按钮，当 I0.0 接通时，Q0.0 至 Q0.7 依次亮灭，I0.1 为停止按钮，当 I0.1 接通时，程序停止执行，灯灭。编写的程序如图 9-24 所示。

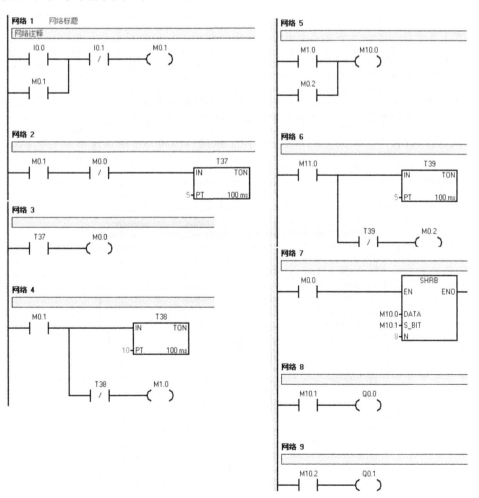

图 9-24   程序

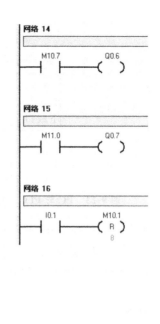

续图 9-24

当程序编写完成且编译没有错误时将该程序下载到 PLC 中，单击"运行"按钮，接通 I0.0，观察能否达到预期效果。当 PLC 端的程序调试没有问题时，开始进行 LabVIEW 端程序的编写。

② 编写 LabVIEW 端程序。

a. 设计前面板。

依次选择"控件"→"新式"→"I/O"→"VISA 资源名称"，添加一个 VISA 资源名称。

依次选择"控件"→"新式"→"布尔"→"垂直摇杆开关"，添加一个垂直摇杆开关。

依次选择"控件"→"新式"→"布尔"→"停止按钮"，添加一个停止按钮。

依次选择"控件"→"新式"→"数值"→"数值显示控件"，添加一个数值显示控件，将标签改为"二进制状态信息"，将该数值显示控件的表示法选择为"无符号单字节整型"。修改数值显示控件的属性，在"显示格式"栏选择"二进制"，具体的设置如图 9-25 所示。

图 9-25 数值显示控件的属性设置

依次选择"控件"→"新式"→"字符串与路径"→"字符串显示控件",添加一个字符串显示控件,将标签改为"状态信息",将字符串显示控件设置为"十六进制显示"。

依次选择"控件"→"新式"→"数组、矩阵与簇",添加一个数组。向数组中添加圆形指示灯,将成员数设置为八个。

设计好的前面板如图 9-26 所示。

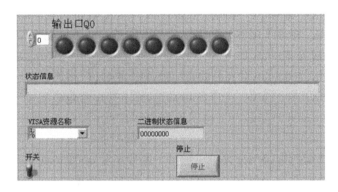

图 9-26　设计好的前面板(实例 9.3)

b. 设计程序框图。

依次选择"函数"→"仪器 I/O"→"串口"→"VISA 配置串口",添加一个 VISA 配置串口。将 VISA 资源名称输出端口与 VISA 配置串口的输入端口"VISA 资源名称"相连。将 VISA 配置串口的波特率设置为 9600、数据比特设置为 8、奇偶设置为"Even"、停止位设置为 1.0。

依次选择"函数"→"编程"→"结构"→"While 循环",添加一个 While 循环。将停止按钮与 While 循环的循环条件接线端相连。

依次选择"函数"→"编程"→"结构"→"条件结构",在 While 循环内添加一个条件结构。将垂直摇杆开关与条件结构的条件接线端相连。

依次选择"函数"→"编程"→"结构"→"平铺式顺序结构",在条件结构的真分支内添加一个平铺式顺序结构,将分支设置为五个。对条件结构的假分支不做任何处理。

依次选择"函数"→"仪器 I/O"→"串口"→"VISA 写入",在平铺式顺序结构的第一个分支内添加一个 VISA 写入函数。将 VISA 配置串口的输出端"VISA 资源名称输出"与 VISA 写入函数的输入端"VISA 资源名称"相连。

在平铺式顺序结构的第一个分支内添加一个字符串常量,将字符串常量设置为"十六进制显示",字符串常量的值为"68 1B 1B 68 02 00 6C 32 01 00 00 00 00 00 0E 00 00 04 01 12 0A 10 02 00 01 00 00 82 00 00 00 65 16"。将字符串常量的输出端与 VISA 写入函数的"写入缓冲区"端口相连。

依次选择"函数"→"编程"→"定时"→"等待",在平铺式顺序结构的第二个分支内添加一个等待函数,在等待函数的输入端口创建一个数值常量,其值为"50"。

依次选择"函数"→"仪器 I/O"→"串口"→"VISA 串口字节数",在平铺式顺序结构的第三个分支内添加一个 VISA 串口字节数函数。将 VISA 写入函数的输出端口"VISA 资源名称输出"与 VISA 串口字节数的"引用"端口相连。

依次选择"函数"→"仪器 I/O"→"串口"→"VISA 读取",添加一个 VISA 读取函数。将 VISA 串口字节数的输出端口"引用输出"与 VISA 读取函数的输入端口"VISA 资源名称"

相连。将 VISA 串口字节数的输出端口"Number of bytes at Serial port"与 VISA 读取函数的"字节总数"端口相连。

依次选择"函数"→"编程"→"比较"→"等于?",添加一个等于函数。将 VISA 读取函数的"读取缓冲区"端口与等于函数的上端口相连,在等于函数的下端口创建一个字符串常量,将常量值设置为"E5"。

依次选择"函数"→"编程"→"结构"→"条件结构",在平铺式顺序结构的第三个分支中在添加一个条件结构。将等于函数的输出端口与条件结构的条件端口相连。

在条件结构的真分支中添加一个 VISA 写入函数,将 VISA 读取函数的输出端口"VISA 资源名称输出"与 VISA 写入函数的"VISA 资源名称"相连。

在条件结构的真分支中创建一个字符串常量,将字符串常量设置为"十六进制显示",字符串常量的值为"10 02 00 5C 5E 16",将字符串常量的输出端口与 VISA 写入函数的"写入缓冲区"相连。

在平铺式顺序结构的第四个分支中添加一个等待函数,将等待的时间设置为"50"。

在平铺式顺序结构的第五个分支中添加 VISA 串口字节数函数。将 VISA 写入函数的输出端口"VISA 资源名称输出"与 VISA 串口字节数的"引用"端口相连。

添加一个 VISA 读取函数,将 VISA 串口字节数的输出端口"引用输出"与 VISA 读取函数的输入端口"VISA 资源名称"相连。将 VISA 串口字节数的输出端口"Number of bytes at Serial port"与 VISA 读取函数的"字节总数"端口相连。将 VISA 读取函数的输出端口"读取缓冲区"与"状态信息"字符串显示控件的输入端口相连。

依次选择"函数"→"编程"→"字符串"→"字符串/数组/路径转换"→"字符串至字节数组转换",添加一个字符串至字节数组转换函数。将 VISA 读取函数的输出端口"读取缓冲区"与字符串至字节数组转换函数的输入端口相连。

依次选择"函数"→"编程"→"数组"→"索引数组",添加索引数组函数。将字符串至字节数组转换函数的输出端口与索引数组的输入端口相连。在索引数组函数的"索引"端创建一个数值常量,其值为"25"。

将索引数组的输出端口与"二进制状态信息"数值显示控件的输入端口相连。

依次选择"函数"→"编程"→"布尔"→"数值至布尔数组转换",添加一个数值至布尔数组转换函数。将索引数组的输出端与数值至布尔数组转换函数的输入端相连。将数值至布尔数组转换函数的输出端与布尔数组的输入端相连。

依次选择"函数"→"仪器 I/O"→"串口"→"VISA 关闭",在 While 循环外添加一个 VISA 关闭函数,将 VISA 读取函数的输出端口"VISA 资源名称输出"与 VISA 关闭函数的输入端口"VISA 资源名称"相连。

程序框图如图 9-27 所示(由于图太大,所以只将顺序结构中的连线表示出来)。

(3) 运行程序。

PLC 端将程序下载至 PLC 内,然后将 PLC 设置为"RUN"状态,关闭 STEP7 编程界面。打开 LabVIEW 端的程序,单击"运行"按钮,选择相应的端口号。将 I0.0 接通,同时将 LabVIEW 端的垂直摇杆开关打开,观察 LabVIEW 端前面板的变化,运行界面如图 9-28 所示。

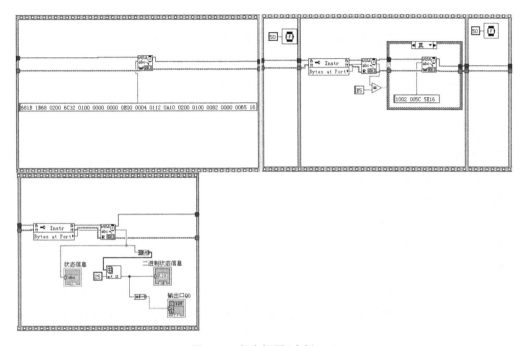

图 9-27　程序框图(实例 9.3)

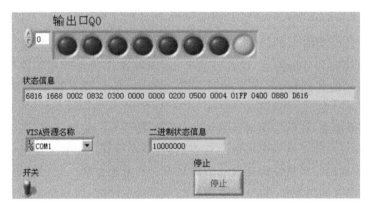

图 9-28　运行界面(实例 9.3)

习　　题

1. 早期计算机与计算机、计算机与外围设备的通信有哪两种方式? 并比较两种通信方式的区别。

2. 串行通信根据时钟控制数据的发送和接收的方式可以分为哪两种通信方式? 简述这两种通信方式的区别。

3. 分别在单片机端和 LabVIEW 端编写程序,实现在 LabVIEW 界面可以控制单片机上流水灯的启动和停止。

4. 在 LabVIEW 端编写程序来实现读取 PLC 输入端的状态。

第⑩章 LabVIEW 数据采集

虚拟仪器主要用于获取真实的数据,因此在实际过程中数据采集是虚拟仪器的必备功能。在测试、测量及工业自动化领域中,都需要进行数据采集,从这个角度来讲,数据采集将是虚拟仪器设计的重要内容,所以学习 LabVIEW 必须掌握数据采集。数据采集为计算机和外部物理世界提供了沟通的渠道,LabVIEW 具有强大的数据采集软件资源,使其在测试、测量领域的优势显得尤为突出。本章将主要介绍数据采集的基础,主要从以下几个方面来讲解 LabVIEW 的数据采集:

- 数据采集概述;
- 数据采集系统的构成;
- NI-DAQmx 简介;
- 创建仿真 NI-DAQ 设备;
- 模拟数据采集实例——基于 LabVIEW 的 PCI6024E 对模拟电压的连续采集。

 10.1 数据采集概述

在计算机广泛应用的今天,数据的采集和分析的重要性越来越显著,加上 LabVIEW 强大的数据采集功能和分析能力,已经使得 LabVIEW 被广泛地应用于各个领域。但是由于各种类型的信号的差别很大,在实际的采集过程中,还有很多需要注意和需要解决的问题。

在进行数据采集前,我们必须对要采集的信号的特性有一定的了解,因为不同类型的信号差别很大,所以对采集系统的要求也是有差别的,用户只有在对要采集的信号特性有一定的了解之后,才能根据信号特性选择合适的测量方式和采集系统。我们知道,任何一个信号都是随着时间而改变的物理量,信号上所携带的信息是广泛的,所以根据信号的运载方式可以将信号分为模拟信号和数字信号。模拟信号主要包括直流信号、频域信号等,数字信号主要包括开关信号。下面分别对模拟信号中的直流信号和数字信号中的开关信号做简单的介绍。

1. 模拟直流信号

模拟直流信号是变化非常缓慢的一种信号,当然也可以是静止的。

直流信号最重要的信息是它在给定区间内运载信息的幅度,生活中常见的直流信号有温度、压力等。采集系统在采集模拟直流信号时,要求有足够的精度来保证正确地测量信号电平,不需要高采样率,也不需要使用硬件计时。

2. 数字开关信号

开关信号运载的信息与信号的瞬间状态有关。如一个 TTL 信号就是一个开关信号,一般一个 TTL 输入电压,在 2V 到 5V 时,我们将其定义为逻辑高电平,在 0V 到 0.8V 时,我们将其定义为低电平。

10.2　数据采集系统的构成

数据采集（DAQ），又被称为数据获取，是指从传感器或其他待测设备等模拟和数字被测单元中自动采集信息的过程。数据采集系统是结合计算机内部和外部的软硬件来实现灵活的、用户自定义的测量系统。目前，数据采集技术已经被广泛地运用在各个领域中。一个典型的数据采集系统主要包括传感器、信号调理、数据采集卡和 PC 机，如图 10-1 所示。

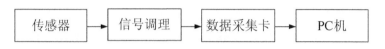

图 10-1　数据采集系统的基本构成

传感器主要用于感应被测对象的状态变化，并将其转化为可测量的电信号。

信号调理是连接传感器与数据采集卡的桥梁，从传感器输出的信号都要经过信号调理才能进入到采集设备。信号调理主要包括了以下几个方面。

（1）放大：调整信号的幅值，以便适宜于采样。

（2）滤波：滤除信号中的高频噪声，提高信噪比。

（3）隔离：在被测对象和数据采集系统之间传递信号时，使用变压器耦合、光电耦合或电容耦合的方法来避免二者直接的电气连接。

（4）线性化：可以弥补传感器的非线性带来的误差。

数据采集卡是实现数据采集功能的计算机扩展卡。一个典型的数据采集卡的功能有模拟输入、模拟输出、数字 I/O、计数器/定时器等，这些功能都由数据采集卡内部相应的电路来实现。一般来说，数据采集卡都有自己的驱动程序，例如本章后面即将讲到的 NI-DAQmx 是 NI 公司关于数据采集卡的驱动软件，且驱动软件版本必须高于对应的 LabVIEW 版本才能正常使用。

PC 机中的软件和数据采集卡形成了一个完整的数据采集、分析和显示系统。衡量数据采集系统的最主要的两个指标是速度和精度。采集速度是指在满足系统精度的条件下，系统对模拟输入信号在单位时间内完成的采集次数。精度是指产生各种输出代码所需要的模拟量的实际值与理论值之差的最大值。

 ## 10.3　NI-DAQmx 简介

10.3.1　传统的 NI-DAQ 和 NI-DAQmx

在介绍 NI-DAQmx 之前，我们有必要先了解一下传统的 NI-DAQ，并且比较一下 NI-DAQ 和 NI-DAQmx 的区别。

NI-DAQ 驱动软件是一个用途非常广泛的库，该软件提供了多种函数和 VI，用户可以直接从 LabVIEW 中调用，从而很简单地实现对测量设备的编程。NI-DAQmx 是最新的 NI-DAQ 驱动程序，带有测量设备所需的最新 VI、函数和开发工具。与早期版本的 NI-DAQ 相比，NI-DAQmx 的优点主要体现在以下几点。

（1）NI-DAQmx 提供了 DAQ 助手，不需要编程就可以进行测量，并且能够生成对应的 NI-DAQmx 代码，更加方便用户学习。

（2）NI-DAQmx 采集速度更快。

（3）NI-DAQmx 的 API 功能更加简洁直观。

（4）NI-DAQmx 支持更多的 LabVIEW 功能，可以使用属性节点和波形数据类型。

（5）NI-DAQmx 提供仿真设备，不需要连接实际的硬件就可以进行应用程序的测量和修改。

（6）NI-DAQmx 对 LabVIEW Real-Time 模块提供更多的支持并且速度更快。

虽然 NI-DAQmx 已经基本取代了传统的 NI-DAQ，大多数的情况下 NI-DAQmx 可以给用户带来不错的体验，但是需要注意的是，并不是所有的情况下都可以使用 NI-DAQmx，如当使用 ATE 多功能的 DAQ 设备时，DAQmx 是不支持此类设备的。

10.3.2　NI-DAQmx 数据采集控件介绍

NI-DAQmx 数据采集控件位于前面板控件面板中的 I/O 子面板中，如图 10-2 所示。图 10-3 所示为 DAQmx 名称控件中包含的与数据采集有关的控件。

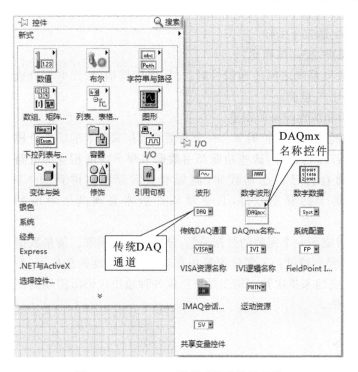

图 10-2　NI-DAQmx 数据采集控件的位置　　　　图 10-3　DAQmx 名称控件中的内容

DAQmx 名称控件中的这些控件主要提供通过前面板对 DAQmx 任务名、DAQmx 全局通道、DAQmx 物理通道、DAQmx 接线端、DAQmx 换算名、DAQmx 设备名、DAQmx 开关等的输入功能。

10.3.3　NI-DAQmx 数据采集 VI

DAQmx 数据采集 VI 位于函数面板的测量 I/O 子面板中，其位置如图 10-4 所示。

由图 10-4 可以看出，在 DAQmx 数据采集子面板中有 2 个常量（DAQmx 任务名和 DAQmx 全局通道）、15 个常用的 DAQmx 的函数节点和 4 个 VI 的子面板。下面将对数据采集中比较重要的几个函数节点进行简单说明。

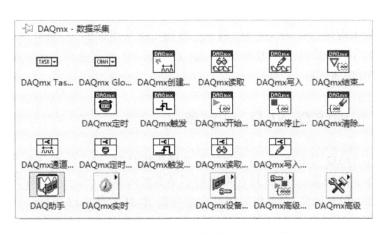

图 10-4　DAQmx 数据采集 VI 的位置

（1）DAQmx 创建虚拟通道图标为 DAQmx创建，经查看 LabVIEW 的帮助文档可以看到 LabVIEW 自身对该函数的节点的说明如图 10-5 所示。该函数节点主要用来创建一个或多个虚拟的通道，并将其添加至任务中去。

（2）DAQmx 读取图标为 DAQmx读取，LabVIEW 的帮助对该函数节点的说明如图 10-6 所示。该函数节点主要用于读取用户指定的任务或者虚拟通道中的采样，可以返回 DBL 或波形文件格式的数据。

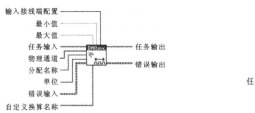

图 10-5　DAQmx 创建虚拟通道函数节点的说明　　**图 10-6　DAQmx 读取函数节点的说明**

（3）DAQmx 写入的图标为 DAQmx写入，LabVIEW 对该函数节点的说明如图 10-7 所示。该函数节点主要用于在用户指定的任务或者虚拟通道中写入数据，可以写入 DBL 或者波形格式的数据。

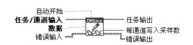

图 10-7　DAQmx 写入函数节点的说明

（4）DAQmx 清除任务图标为 DAQmx清除，LabVIEW 对该函数节点的说明如图 10-8 所示。该函数节点主要用于清除任务，在清除之前，VI 将停止工作，并且在必要的条件下释放任务保留的资源，清除任务后，将无法使用任务的资源，必须重新创建任务。

图 10-8　DAQmx 清除任务函数节点的说明

（5）DAQ 助手图标为 ，DAQ 助手主要用于图形界面创建、编辑、运行任务。

上面的几个 VI 只是做了简单的介绍，有关这些 VI 和其他 VI 的详细说明，请参照 LabVIEW 的详细帮助信息。

10.4 创建仿真 NI-DAQ 设备

我们知道 NI-DAQ 卡不便宜，当学生需要做课程设计时，可以仿真一个 DAQ，其效果与真实的 NI-DAQ 卡的效果一样，只是它采集的不是真实的信号；当一个工程师需要进行现场的数据采集时，DAQ 卡很贵，又不能每天都在现场调试，那么他可以在自己的计算机上仿真一个 DAQ 卡，编程完成后，直接拿到现场调试，对数据采集结果没有任何影响。下面就讲解如何在自己的计算机上仿真一个 DAQ 卡。

10.4.1 仿真 NI-DAQ 设备的建立

（1）安装 NI-DAQ 软件或者 LabVIEW 软件时，系统会自动安装名为"Measurement & Automation Explorer"的软件，简称 NI MAX，该软件主要用于管理和配置硬件设备，图标为

，点击该图标，进入如图 10-9 所示的界面。

图 10-9　NI MAX 运行界面

（2）点击左侧边框中的"我的系统"，在弹出的子菜单中，右击"设备和接口"项，执行"新建"命令，如图 10-10 所示。

（3）弹出的对话框如图 10-11 所示。由于我们是仿真一个 DAQ 卡，所以，我们选择该对话框中的"仿真 NI-DAQmx 设备或模块化仪器"选项。

图 10-10 "新建"命令　　　　　　　　　　　　　图 10-11 "新建"对话框

（4）双击"仿真 NI-DAQmx 设备或模块化仪器"选项，弹出如图 10-12 所示的对话框。

（5）选择相应的数据采集卡，这里我们选择 PCI－6024E，单击"确定"按钮，即完成了 NI-DAQmx 仿真设备的创建，如图 10-13 所示。

图 10-12 "创建 NI-DAQmx 仿真设备"对话框　　　图 10-13 PCI-6024E 仿真卡的创建

（6）创建完成后，我们会发现在"设备和接口"的子菜单有刚刚添加进去的 PCI－6024E 仿真卡，如图 10-14 所示。

（7）选中 NI PCI-6024E "Dev1"。在该对话框的右侧最下边有对该设备的设置、属性、设备连线等的说明，如图 10-15 至图 10-17 所示。

图 10-14 采集设备添加完成　　　　　图 10-15 设备的设置说明

图 10-16 设备的属性说明　　　　　图 10-17 设备的连线说明

10.4.2　任务的创建

任务是带有定时、触发或其他属性的一个或多个虚拟通道的集合。一个任务表示用户想做的一次测量或一次信号的发生，用户可以设置和保存一个任务里所有的配置信息，并在应用程序中使用这个任务。下面介绍如何创建一个任务。

（1）在仿真设备添加完成后，选择 NI-MAX 对话框左侧的"数据邻居"→"NI-DAQmx任务"选项，如图 10-18 所示。

图 10-18　NI-DAQmx 任务

（2）选择"NI-DAQmx 任务"后，在右边框内会出现"创建新 NI-DAQmx 任务"，如图 10-19 所示。

图 10-19　"创建新 NI-DAQmx 任务"选项

（3）单击"创建新 NI-DAQmx 任务"选项，弹出如图 10-20 所示的对话框。

图 10-20 "新建"对话框

（4）这里选择模拟电压，当然读者也可以选择其他项。在对话框中选择"采集信号"→
"模拟输入"→"电压"。此时对话框会切换为物理通道界面，在该界面下选择一个信号输入
的物理通道，这里我们选择"ai0"，如图 10-21 所示，表示要采集从"ai0"输入的模拟信号。

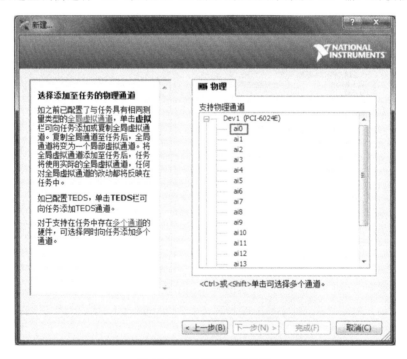

图 10-21 物理通道的选择

（5）选择物理通道后，单击"下一步"按钮，进入到任务名称定义界面，如图 10-22 所示，

在该界面对应的文本输入框中输入要指定的任务名称,如默认的"我的电压任务",单击"完成"按钮,则完成了一个模拟输入电压测量任务的创建。

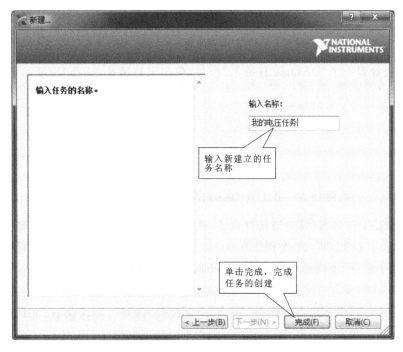

图 10-22　任务名称的定义

(6) 任务创建完毕后,选中"我的电压任务"节点,在 MAX 主窗口的右侧会出现信号的配置窗口,在该窗口中根据输入信号合理地配置各种参数后,单击"运行"按钮,则输入信号通过采集卡采集并显示在窗口右侧上部的图表中,如图 10-23 所示。

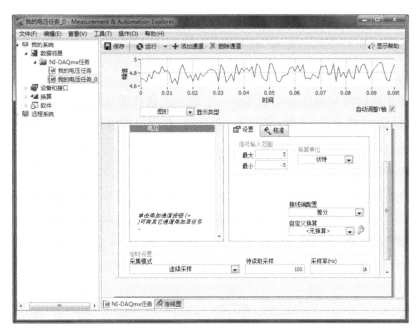

图 10-23　任务配置及窗口运行情况

10.4.3　通过任务生成图形代码

在 LabVIEW 的前面板和程序框图中都可以访问在 MAX 中创建的任务。前面板主要是通过前面板控件"DAQmx 任务名"来访问的,程序框图中主要是通过 DAQmx 数据采集函数的子面板中的常量节点"DAQmx 任务名"来实现对 MAX 中的任务的访问。如图 10-24 所示,在前面板放置一个"DAQmx 任务名"控件,单击下拉箭头,选择"浏览",将创建的任务"我的电压任务"添加进去。

图 10-24　通过"DAQmx 任务名"访问 MAX 中的任务

通过"DAQmx 任务名"常量或控件选定 MAX 中的任务后,在控件或常量上右击,在弹出的快捷菜单中执行"生成代码"命令,显示"范例""配置""范例和配置""转换为 ExpressVI"四个命令,不同的命令可以实现不同程序图形代码的功能。

1. 范例

该选项产生一个任务运行时所需的所有代码,例如读和写操作函数,开始、停止任务函数,以及循环结构、图形显示等,图 10-25 所示为生成的范例程序图形代码。

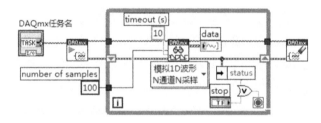

图 10-25　生成范例程序图形代码

2. 配置

该选项产生的代码只是任务配置部分。它用一个函数图标取代原来的"DAQmx 任务名"控件或"DAQmx 任务名"常量,双击该函数图标,其图形代码如图 10-26 所示。

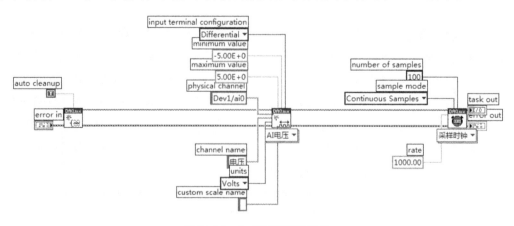

图 10-26　生成配置图形代码

3. 范例和配置

该选项产生的代码是前二者代码之和,如图 10-27 所示。

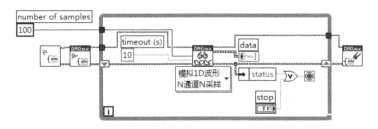

图 10-27　生成范例和配置程序图形代码

4. 转换为 ExpressVI

该选项根据 MAX 中的任务配置将"DAQmx 任务名"控件或"DAQmx 任务名"常量转换为"DAQ 助手"形式的 ExpressVI。

10.5　模拟数据采集实例——基于 LabVIEW 的 PCI-6024E 对模拟电压的连续采集

下面通过实例来说明数据采集的应用。

【实例】　通过模拟的 PCI-6024E 对电压进行连续采集,并显示在波形图表上。

(1)任务要求:通过 NI-MAX 建立一个模拟的 PCI-6024E 的数据采集卡,在 LabVIEW 端编程来模拟连续采集模拟电压,并显示在波形图表上。

(2)任务实现步骤如下。

前面小节中已经详细地介绍了如何创建一个仿真的 NI-DAQ 设备,这里不再说明。要能完成数据采集,必须保证计算机上已经安装了 NI 板卡的驱动程序及 DAQ 函数。

① 设计前面板。

依次选择"控件"→"新式"→"图形"→"波形图表",添加一个波形图表控件。

依次选择"控件"→"新式"→"布尔"→"停止按钮",添加一个停止按钮。

依次选择"控件"→"新式"→"I/O"→"DAQmx 名称控件"→"DAQmx 物理通道",添加一个 DAQmx 物理通道。DAQmx 物理通道如图 10-28 所示。

设计好的前面板如图 10-29 所示。

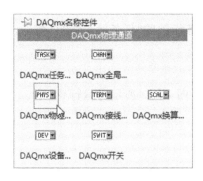

图 10-28　DAQmx 物理通道

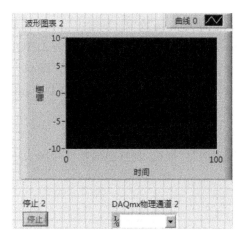

图 10-29　设计好的前面板

② 设计程序框图。

依次选择"函数"→"测量 I/O"→"DAQmx 数据采集"→"DAQmx 创建通道",添加一个 DAQmx 创建通道函数。选择"模拟输入电压",在该函数节点的"最大值"端口创建一个数值常量,其值为"5",在"最小值"端口创建一个数值常量,其值为"-5",在"单位"端口创建一个常量为"伏特",如图 10-30 所示。

依次选择"函数"→"测量 I/O"→"DAQmx 数据采集"→"DAQmx 定时",添加一个 DAQmx 定时函数。在该函数的"率"端口创建一个数值常量,其值为"1000",在采样模式端口创建一个常量,选择"连续采样",在"每通道采样"端口创建一个数值常量,其值为"10000",如图 10-31 所示。

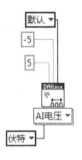

图 10-30　DAQmx 创建通道函数的设置　　　　图 10-31　DAQmx 定时函数的设置

依次选择"函数"→"测量 I/O"→"DAQmx 数据采集"→"DAQmx 开始任务",添加一个 DAQmx 开始任务函数。

依次选择"函数"→"编程"→"结构"→"While 循环",添加一个 While 循环。将停止按钮与 While 循环的循环条件接线端相连。

依次选择"函数"→"测量 I/O"→"DAQmx 数据采集"→"DAQmx 读取",在 While 循环内添加一个 DAQmx 读取函数,选择"1 通道 N 采样"。

将波形图表移至 While 循环内,将 DAQmx 读取函数的"数据"端口与波形图表的输入端口相连。

依次选择"函数"→"测量 I/O"→"DAQmx 数据采集"→"DAQmx 清除任务",在 While 循环外添加一个 DAQmx 清除任务函数。

将 DAQmx 物理通道的输出端口与 DAQmx 创建通道函数的"物理通道"端口相连,将 DAQmx 创建通道函数"任务输出"端口与 DAQmx 定时函数的"任务输入"端口相连,将 DAQmx 定时函数"任务输出"端口与 DAQmx 开始任务函数的"任务输入"端口相连,将 DAQmx 开始任务函数的"任务输出"端口与 DAQmx 读取函数"任务输入"端口相连,将 DAQmx 读取函数"任务输出"端口与 DAQmx 清除任务函数的"任务输入"端口相连。

程序框图如图 10-32 所示。

(3) 运行程序。

单击"运行"按钮,观察前面板波形图表中的波形。图 10-33 所示为运行界面。

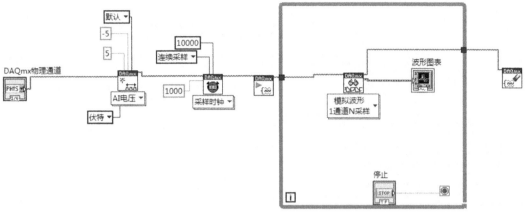

图 10-32 程序框图

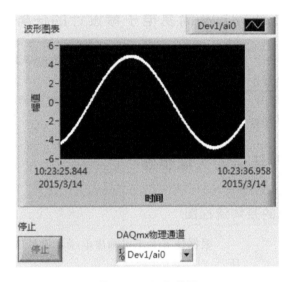

图 10-33 运行界面

习 题

1. 信号根据运载方式可以分为哪两种信号？并简述这两种信号。
2. 一个最基本的数据采集系统框架由哪几部分构成？简单说明各部分所起的作用。
3. 根据模拟输入的程序框图，编写一个简单的模拟输出的程序框图。
4. 利用数字 I/O 输出"11011101"，并在前面板中用指示灯显示出来。

第 2 部分　LabVIEW 的综合运用

第⑪章　基于 LabVIEW 简易电子琴的设计

电子琴作为一种键盘乐器,深受大家的喜欢。本章主要在前面章节内容的基础上设计一个简易的基于 LabVIEW 的简易电子琴,主要内容如下:

- 基于 LabVIEW 简易电子琴设计的任务要求;
- 电子琴任务的实现步骤;
- 电子琴整体的调试并运行程序;
- 电子琴整体界面的优化。

11.1　基于 LabVIEW 简易电子琴设计的任务要求

利用自己所学到的关于 LabVIEW 的知识设计一个简易的电子琴,要求:

① 电子琴能够发出音乐中不同的音符;

② 分别利用 LabVIEW 中的条件结构与事件结构来完成电子琴的设计;

③ 设计出的电子琴能够正常启动与停止。

11.2　电子琴任务的实现步骤

11.2.1　电子琴实现的整体流程图

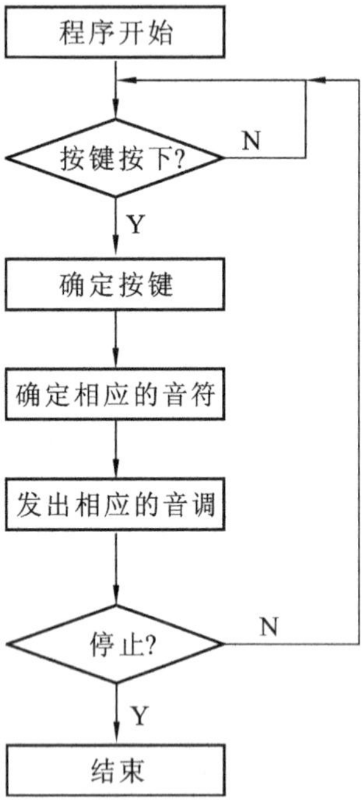

根据任务要求可画出电子琴设计的整体流程图,如图 11-1 所示。

11.2.2　条件结构下实现电子琴任务

前面板设计如下。

(1) 依次选择"控件"→"新式"→"布尔"→"确定按钮",添加 13 个确定按钮,并将标签依次改为按钮 1、按钮 2……按钮 13。

(2) 依次选择"控件"→"新式"→"布尔"→"停止按钮",添加 1 个停止按钮,标签改为"停止"。

(3) 依次选择"控件"→"新式"→"字符串与路径"→"文件路径输入控件",添加 13 个文件路径输入控件,并将标签依次改为钢琴 1、钢琴 2……钢琴 13。

(4) 将下载好的音源依次添加到钢琴 1、钢琴 2……钢琴 13 的文件路径输入控件内。

(5) 依次选择"控件"→"新式"→"数组、矩阵与簇"→"簇",添加 1 个簇控件,并将标签改为"琴键"。

(6) 将标签为按钮 1、按钮 2……按钮 13 的控件依次放入

程序开始 → **按键按下?** (N/Y) → **确定按键** → **确定相应的音符** → **发出相应的音调** → **停止?** (N/Y) → **结束**

图 11-1　流程图

224

到簇中。

（7）选中所有按钮控件，右击，执行"属性"命令，取消勾选标签和布尔文本项，将按钮上的标签和布尔文本设为不可见。

（8）调整按钮至合适的大小，并调整按钮的间距。

设计好的电子琴的前面板如图 11-2 所示。

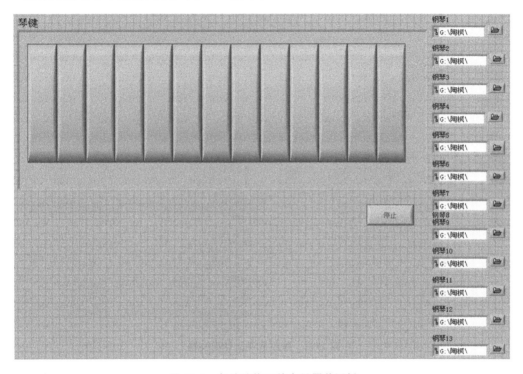

图 11-2　条件结构下的电子琴前面板

程序框图设计如下。

（1）依次选择"函数"→"编程"→"结构"→"While 循环"，添加 1 个 While 循环。

（2）将停止按钮连接至 While 循环的条件端口，并设置为"真 T 时停止"。

（3）依次选择"函数"→"编程"→"簇、类与变体"→"簇至数组转换"，添加 1 个簇至数组转换函数，将簇的输出端与簇至数组转换函数的输入端相连。

（4）依次选择"函数"→"编程"→"数组"→"搜索一维数组"，添加 1 个搜索一维数组函数。

（5）依次选择"函数"→"编程"→"布尔"→"真常量"，添加 1 个真常量，依次选择"函数"→"编程"→"数值"→"数值常量"，添加 1 个数值常量，数值常量的值为"0"。

（6）将簇至数组转换函数的输出端与搜索一维数组函数的输入端相连，将真常量与搜索一维数组函数的"元素"端相连，将数值常量与搜索一维数组函数的"开始索引"端相连。

（7）依次选择"函数"→"编程"→"结构"→"条件结构"，添加 1 个条件结构。将搜索一维数组函数的输出端"元素索引"与条件结构的条件端相连。给条件结构添加 14 个分支，依次命名为默认 0、1……13。

（8）将标签为钢琴 1、钢琴 2……钢琴 13 的文件路径输入控件分别添加到条件结构的默认 0、1……13 的分支中去，在"默认"分支内不做任何操作。

（9）依次选择"函数"→"编程"→"图形与声音"→"声音"→"输出"→"播放声音文件"，

添加 13 个播放声音文件函数,播放声音文件的位置如图 11-3 所示。将 13 个播放声音文件函数的输入端口的"路径"与"文件路径输入控件"的输出端口相连。

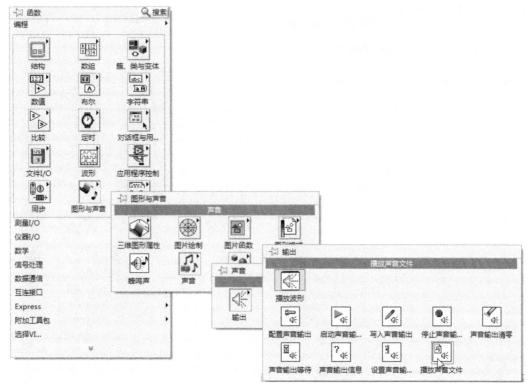

图 11-3 播放声音文件的位置

(10) 依次选择"函数"→"编程"→"定时"→"等待",在 While 循环中添加 1 个等待时间函数。添加 1 个数值常量,将其值改为 100,将数值常量与等待时间函数的输入端相连。

条件结构下的电子琴程序框图如图 11-4 所示。

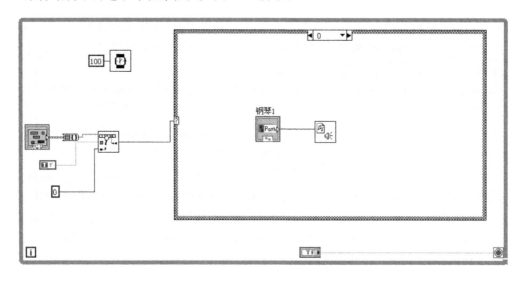

图 11-4 条件结构下的电子琴程序框图

11.2.3 事件结构下实现电子琴任务

条件结构和事件结构下的前面板的设计差别不大,与条件结构下的设计相比较,事件结构下的设计具体的改动如下。

(1) 依次选择"控件"→"新式"→"数组、矩阵与簇"→"簇",添加两个簇控件,标签改为"琴键"和"音源"。

(2) 将文件路径输入控件依次添加到"音源"的簇中。

事件结构下设计好的电子琴前面板如图 11-5 所示。

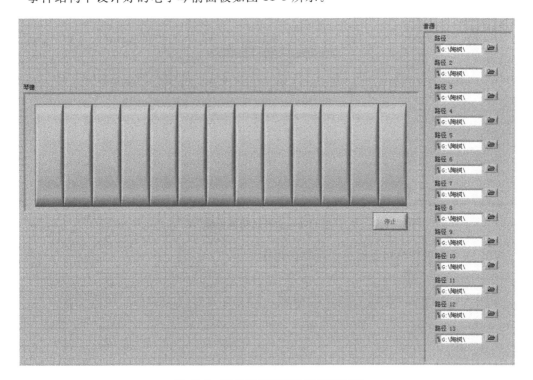

图 11-5　事件结构下的电子琴前面板

与条件结构下设计程序框图相比,事件结构下设计程序框图的具体改动如下。

(1) 依次选择"函数"→"编程"→"结构"→"事件结构",添加一个事件结构。将事件结构放置在 While 循环中,同时在事件结构的超时端子创建一个常量,用于处理超时事件。

(2) 在事件结构的图框上右击,执行快捷菜单中的"添加事件分支"命令,由于所有事件的处理都是播放声音,所以将所有的按钮放在同一个事件处理中,并将事件设为"值改变",如图 11-6 所示。

(3) "琴键"簇部分的处理与条件结构下的处理一样,只是将其放置在事件结构中。将"音源"簇放置在事件结构中。

(4) 依次选择"函数"→"编程"→"数组"→"簇至数组转换",添加一个簇至数组转换函数。将"音源"簇的输出端与簇至数组转换函数的输入端相连。

(5) 依次选择"函数"→"编程"→"数组"→"索引数组",添加一个索引数组函数。将簇至数组转换函数的输出端与索引数组函数的"数组"端口相连,将搜索一维数组函数的输出端与索引数组函数的"索引"端口相连。

(6) 将索引数组函数的输出端口与播放声音文件相连。

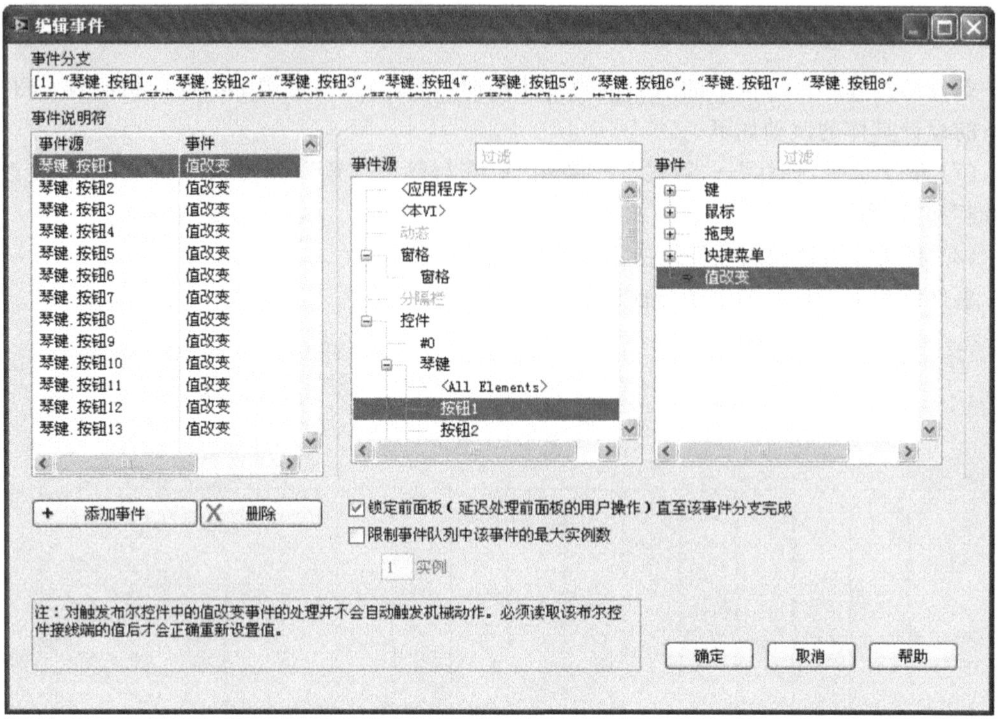

图 11-6　事件结构的编辑

如图 11-7 为事件结构下的电子琴程序框图。

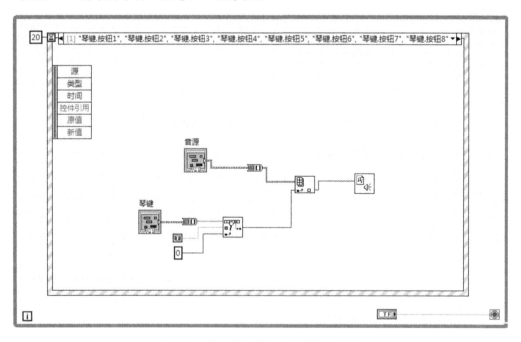

图 11-7　事件结构下的电子琴程序框图

11.3   电子琴整体的调试并运行程序

至此,利用条件结构和事件结构设计的电子琴完成,下面开始调试并运行程序,检查程序能否正常运行并达到预期的效果。

单击"运行"按钮或者使用快捷键 Ctrl+R 运行程序。图 11-8 和图 11-9 所示分别为条件结构下和事件结构下电子琴的运行状态。

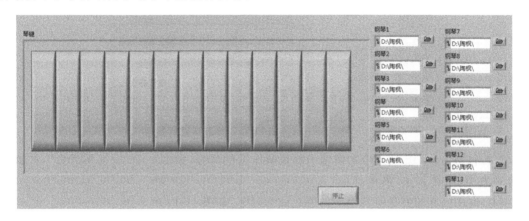

图 11-8   条件结构下电子琴运行状态

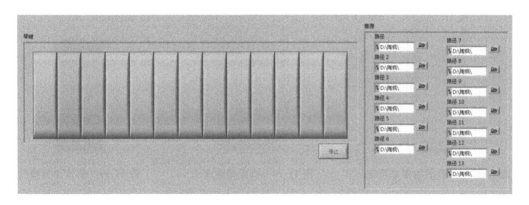

图 11-9   事件结构下电子琴运行状态

 ## 11.4   电子琴整体界面的优化

经过前面的设计,基于 LabVIEW 的简易电子琴的设计基本上完成,能够正常地运行达到预期的效果,但是一个好的 VI 程序不仅仅只是实现功能,而且它的界面逼真,能够模拟出实际的效果。下面将介绍如何利用 LabVIEW 本身自带的修饰工具将简易电子琴的画面修饰得形象化。

我们知道电子琴的琴键都是黑白相间的,所以,对界面的优化主要在于制作黑白相间的琴键。

(1)将添加的确认按钮的"标签"和"显示布尔文本"前方框内的钩去掉,并将该按钮调整到与琴键相当的大小,如图 11-10 所示。

（2）利用工具面板中的设置颜色工具（见图 11-11）将琴键的背景色改为白色，如图11-12所示。

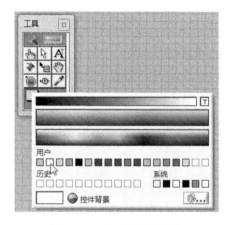

图 11-10　模拟琴键　　　　　　　　图 11-11　修改琴键背景色

（3）利用 LabVIEW 自带的修饰子面板制作黑色琴键，添加一个"垂直平滑盒"，并调整到合适大小，如图 11-13 所示。

（4）运用同样的方法将该琴键的颜色改为黑色，如图 11-14 所示。

图 11-12　修改后的模拟琴键　　　　图 11-13　模拟琴键大小　　　　图 11-14　制作黑色琴键

（5）将前面板中所有的确认按钮的颜色改为白色，同时制作适当数量的黑色琴键。将黑色琴键放置在两个白色琴键之间，整体放置完毕的效果图如图 11-15 所示。

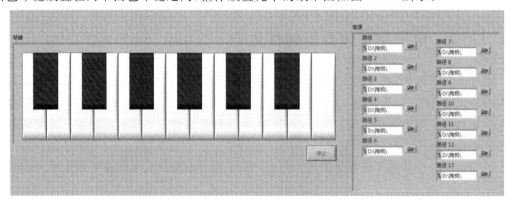

图 11-15　电子琴的前面板

（6）可以看到画面中还可以看到"音源"簇和"停止"按钮，所以我们还需要将不需要出现在画面上的对象隐藏起来。右击需要隐藏的对象，执行"高级"→"隐藏输入控件"命令，如图 11-16 所示。

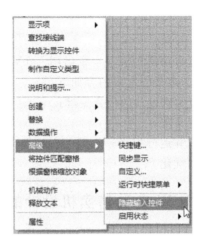

图 11-16 "隐藏输入控件"命令

（7）不需要的对象被隐藏，修饰完成后的电子琴效果图如图 11-17 所示。

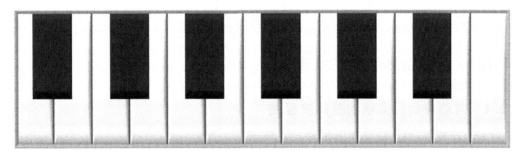

图 11-17 修饰完成后的电子琴效果图

第12章 基于LabVIEW 自动售卖机的设计

现代都市中,经常可以看到自动售卖机。本章运用 LabVIEW 设计了一款自动售卖机,实现了自动售卖机的基本功能。本章的主要内容如下:

- 基于 LabVIEW 自动售卖机设计的任务要求;
- 自动售卖机的任务实现步骤;
- 自动售卖机整体的调试并运行程序;
- 自动售卖机的整体界面优化。

 ## 12.1 基于 LabVIEW 自动售卖机设计的任务要求

利用前面所学的 LabVIEW 的基础知识,设计一款自动售卖机,要求如下:

① 自动售卖机分为用户界面和管理界面两个界面。用户界面面向用户,用于购买商品;管理界面面向管理者,用于设定商品的数量和价格。

② 用户界面要求有数量和价格显示,当某商品数量为 0 时,禁止对该商品进行操作。

③ 用户界面要求有相关的操作记录,并能进行金钱的处理和对投入金额面值大小的计算。

 ## 12.2 自动售卖机的任务实现步骤

12.2.1 自动售卖机实现的整体流程图

根据设计要求,画出的流程图如图 12-1 所示。

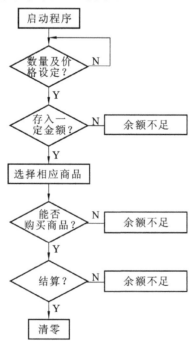

图 12-1 自动售卖机流程图

12.2.2 自动售卖机的前面板设计

（1）依次选择"控件"→"新式"→"容器"→"选项卡控件"，添加一个选项卡控件。其位置如图 12-2 所示。

（2）在工具面板中选择"自动写选择工具"，双击选项卡上的"选项卡 1"，将名称修改为"用户界面"；双击"选项卡 2"，将名称修改为"管理界面"，如图 12-3 所示。

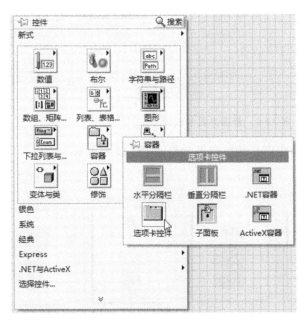

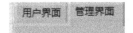

图 12-2　选项卡控件的位置　　　　　图 12-3　修改选项卡名称

（3）在用户界面和管理界面添加相应商品的图片，如图 12-4 所示。

图 12-4　商品图片的添加

（4）选择管理界面，依次选择"控件"→"新式"→"数值"→"数值输入控件"，在管理界面内添加十个数值输入控件。将标签分别修改为"百事可乐数量"和"百事可乐价格"，"加多宝数量"和"加多宝价格"，"可比克数量"和"可比克价格"，"脉动数量"和"脉动价格"，"方便面数量"和"方便面价格"，分别放在相应商品图片下，如图 12-5 所示。

（5）切换到用户界面，依次选择"控件"→"新式"→"数值"→"数值显示控件"，添加十个数值显示控件，将标签分别修改为"百事可乐数量"和"百事可乐价格"，"加多宝数量"和"加多宝价格"，"可比克数量"和"可比克价格"，"脉动数量"和"脉动价格"，"方便面数量"和"方

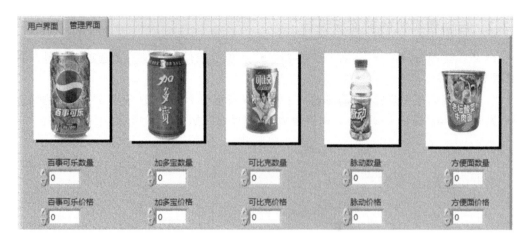

图 12-5　管理界面的设计

便面价格"，用于在用户界面显示相应商品的数量及价格，如图 12-6 所示。

图 12-6　用户界面的设计

（6）依次选择"控件"→"新式"→"布尔"→"确定按钮"，添加五个确定按钮。将五个确定按钮分别放在相应商品的下面，如图 12-7 所示。

图 12-7　添加确定按钮

（7）依次选择"控件"→"新式"→"字符串与路径"→"字符串显示控件"，添加一个字符串显示控件，将标签修改为"操作记录"，用于显示用户的操作记录。修改字符串显示控件属性如图 12-8 所示，图 12-9 所示为添加的"操作记录"显示框。

（8）依次选择"控件"→"新式"→"布尔"→"确定按钮"，添加四个确定按钮，用于模拟投

图 12-8　修改字符串显示控件的属性

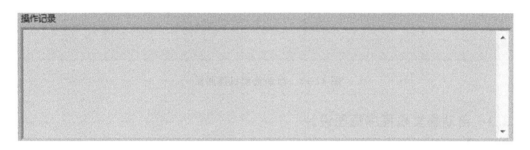

图 12-9　操作记录框

入金额的多少，将四个确定按钮名称分别修改为"五毛""一元""五元""十元"，如图 12-10 所示。

（9）依次选择"控件"→"新式"→"数值"→"数值显示控件"，添加三个数值显示控件，将三个数值显示控件标签分别改为"存入金额""消费金额""剩余金额"。添加一个确定按钮，将标签改为"结算"，用于结算，如图 12-11 所示。

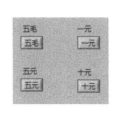

图 12-10　模拟投入金币的多少　　图 12-11　金额处理部分

（10）依次选择"控件"→"新式"→"字符串与路径"→"字符串显示控件"，添加一个字符串显示控件，用于显示时间。

（11）依次选择"控件"→"新式"→"布尔"→"停止按钮"，添加一个停止按钮，用于退出程序。

设计好的前面板如图 12-12 所示。

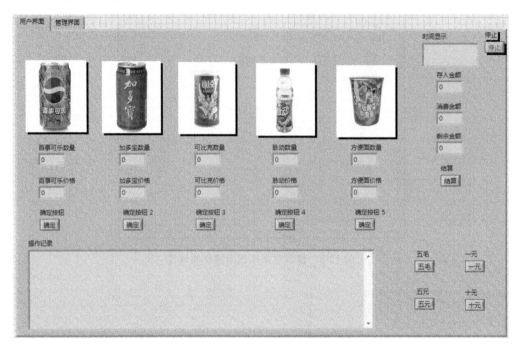

图 12-12　自动售卖机前面板

12.2.3　自动售卖机程序框图设计

（1）依次选择"函数"→"编程"→"结构"→"While 循环"，添加一个 While 循环。将在前面板添加的所有控件都拖拽到 While 循环内。将停止按钮与 While 循环的条件接线端相连。

（2）为管理界面和用户界面建立连接，即将"百事可乐数量"输入控件与"百事可乐数量"显示控件相连，同理，剩余的其他控件也这样连接，如图 12-13 所示。

图 12-13　为管理界面和用户界面建立连接

（3）依次选择"函数"→"编程"→"结构"→"条件结构"，添加一个条件结构，主要用于商品的价格和数量的处理。

（4）依次选择"函数"→"编程"→"数组"→"创建数组"，添加一个创建数组函数，将创建数组的输入端口设置为五个。

（5）将五种商品下对应的五个确定按钮分别与创建数组函数的输入端口相连，注意顺序不能颠倒。

（6）依次选择"函数"→"编程"→"布尔"→"布尔数组至数值转换"，添加一个布尔数组至数值转换函数。将创建数组函数的输出端与布尔数组至数值转换函数的输入端相连，将布尔数组至数值转换函数的输出端与条件结构的条件端口相连。

（7）在添加的条件结构分支 1 后面再添加四个分支，序号分别改为"2""4""8""16"。

（8）在条件结构的默认分支中，将商品数量的输入控件与条件结构的左端相连，再连接到条件结构的右端；将商品价格输入控件与条件结构的左端相连，如图 12-14 所示。

（9）创建一个"消费金额"和两个"操作记录"的局部变量，分别右击"消费金额"和"操作记录"，执行快捷菜单中的"创建"→"局部变量"命令，将局部变量放在条件结构外，连线如图 12-15 所示。

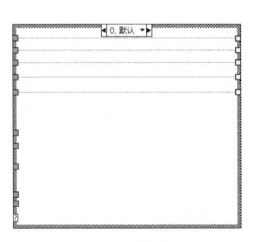

图 12-14　条件结构默认分支处理

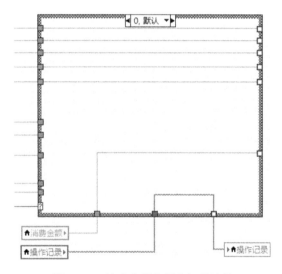

图 12-15　消费金额和操作记录连线

（10）切换到条件结构的分支 1 中，依次选择"函数"→"编程"→"数值"→"减 1"，在分支 1 中添加一个减 1 函数，将"百事可乐数量"输入控件的输出端与减 1 函数输入端相连，减 1 函数的输出端与条件结构右端第一个隧道相连。将其他四个输入控件的输出端与相关的隧道相连。

（11）依次选择"函数"→"编程"→"数值"→"加"，添加一个加函数，将"百事可乐价格"输入控件与加函数的上端口相连，将"消费金额"局部变量与加函数的下端口相连，将加函数的输出端口与相应的隧道相连。

（12）依次选择"函数"→"编程"→"字符串"→"数值/字符串转换"→"数值至小数字符串转换"，添加一个数值至小数字符串转换函数。将"百事可乐价格"数值输入控件与数值至小数字符串转换函数的"数字"端口相连。

（13）依次选择"函数"→"编程"→"字符串"→"连接字符串"，创建一个连接字符串函数,将连接字符串端口设置为五个。在第一个输入端口创建一个字符串常量,将字符串常量改为"您好！您购买了一瓶百事可乐,价格:",将数值至小数字符串转换函数的"F-格式字符串"输出端口与连接字符串第二个输入端口相连,在第三个连接字符串端口创建一个字符串常量,将常量值改为"元",在连接字符串函数的第四个端口连接一个换行符常量。将操作记录局部变量与连接字符串第五个端口相连,将连接字符串输出端口与"操作记录"局部变量的输入端口相连。分支 1 的连线如图 12-16 所示。

（14）剩余的分支连线与分支 1 相同,连线分别如图 12-17 至图 12-20 所示。

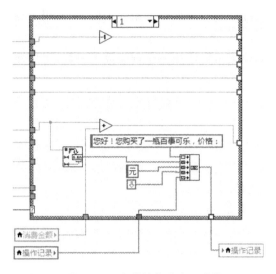

图 12-16　条件结构分支 1 连线

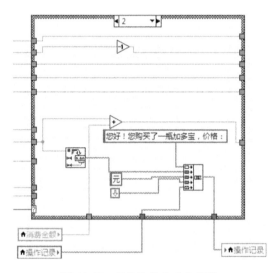

图 12-17　条件结构分支 2 连线

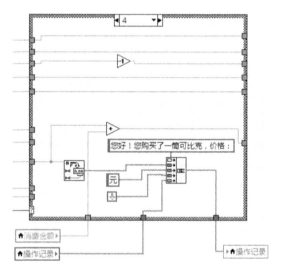

图 12-18　条件结构分支 4 连线

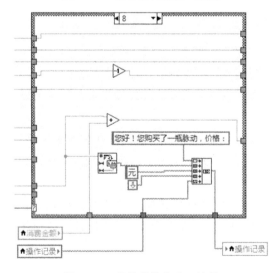

图 12-19　条件结构分支 8 连线

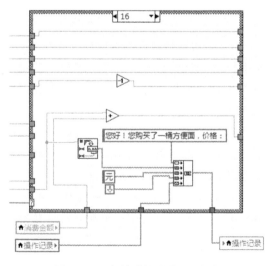

图 12-20　条件结构分支 16 连线

（15）依次选择"函数"→"编程"→"数组"→"创建数组"，添加一个创建数组函数，将创建数组函数输入端口设置为四个。

（16）将"五毛""一元""五元""十元"四个确定按钮按顺序与创建数组函数的四个端口相连。

（17）依次选择"函数"→"编程"→"布尔"→"布尔数组至数值转换"，添加一个布尔数组至数值转换函数，将创建数组函数输出端口与布尔数组至数值转换函数输入端口相连。

（18）依次选择"函数"→"编程"→"结构"→"条件结构"，添加一个条件结构，将布尔数组至数值转换函数的输出端口与条件结构的条件端口相连。

（19）在条件结构的分支1后面再添加三个分支，分别为"2""4""8"。

（20）右击"存入金额"显示控件，执行快捷菜单中的"创建"→"局部变量"命令，创建"存入金额"显示控件的局部变量。

（21）将"存入金额"局部变量放在条件结构外部，条件结构的默认分支0连线如图12-21所示。

（22）依次选择"函数"→"编程"→"数值"→"加"，在分支1中添加一个加函数，在加函数的上端口添加一个数值常量，将数值常量的值改为"0.5"。加函数的下端口与"存入金额"的局部变量相连，加函数的输出端口与条件结构右边框上的隧道口相连，分支1的连线如图12-22所示。

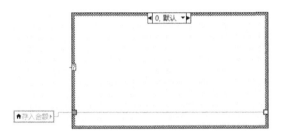

图 12-21　条件结构分支 0 的连线

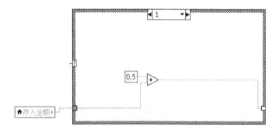

图 12-22　条件结构分支 1 的连线

（23）条件结构中剩余几个分支与分支1的处理一样，其连线图如图12-23至图12-25所示。

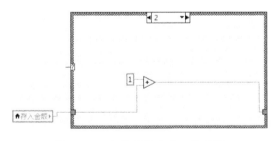

图 12-23　条件结构分支 2 的连线

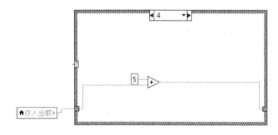

图 12-24　条件结构分支 4 的连线

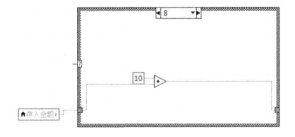

图 12-25　条件结构分支 8 的连线

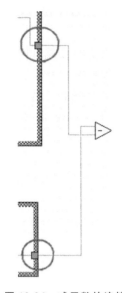

图 12-26 减函数的连接

（24）依次选择"函数"→"编程"→"结构"→"条件结构"，添加一个条件结构。

（25）依次选择"函数"→"编程"→"数值"→"减"，在条件结构外添加一个减函数。

（26）依次选择"函数"→"编程"→"比较"→"小于?"，在条件结构外添加一个小于函数。

（27）将第一个条件结构中加函数的输出端口与减函数的下端口相连，将第二个条件结构中加函数的输出端口与减函数的上端口相连，如图 12-26 所示。

（28）将减函数的输出端与小于函数输入端上端口相连，在小于函数下端口创建一个数值常量，将常量值设为"0"。

（29）将小于函数的输出端与条件结构的条件接线端相连。

（30）依次选择"函数"→"编程"→"对话框与用户界面"→"单按钮对话框"，在条件结构的真分支中添加一个单按钮对话框。在单按钮对话框的"消息"端口创建一个字符串常量，将常量改为"您的余额不足，不能继续购买，谢谢!"，在单按钮对话框的"确定"端口添加一个字符串常量，为"确定"。

（31）依次选择"函数"→"编程"→"字符串"→"连接字符串"，在条件结构真分支中添加一个连接字符串函数，将连接字符串端口设置为三个。在第一个端口创建一个字符串常量，将常量改为"余额不足，继续购买，请投币。"。在第二个端口创建一个字符串常量，改为"谢谢!"。在第三个端口连接一个换行符常量。将连接字符串输出端与操作记录输入端相连。条件结构真分支部分设计如图 12-27 所示。

（32）切换到条件结构的假分支，分别创建五种商品下对应确定按钮的禁用结构，右击确定按钮，执行快捷菜单中的"创建"→"属性节点"→"禁用"命令。

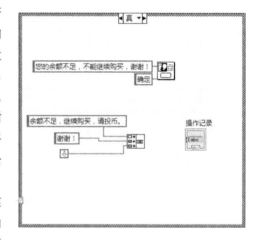

图 12-27 条件结构真分支（部分）

（33）在条件结构的假分支中添加五个条件结构，将第一个条件结构中"百事可乐数量"与第三个条件结构假分支中的第一个条件结构条件接线端相连。将条件结构的分支 1 改为默认分支。

（34）依次选择"函数"→"编程"→"数值"→"数值常量"，在分支 0 中添加一个数值常量，将数值常量值改为"2"，如图 12-28 所示；在默认分支 1 中添加一个数值常量，将其值改为"0"，如图 12-29 所示，将分支 0 和分支 1 输出端与条件结构外禁用结构输入端相连。

（35）创建"百事可乐数量"局部变量，放在第三个条件结构中，与"百事可乐数量"输出端相连，剩余四个条件结构的连线与第一个的类似。

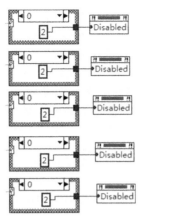
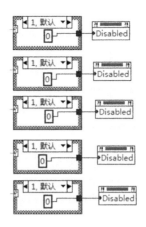

图 12-28 条件结构分支 0   图 12-29 条件结构分支 1

（36）将"存入金额""消费金额""剩余金额"放在第三个条件结构的假分支中，将第一个条件结构中加函数的输出端与消费金额的输入端相连，将减函数的输出端与剩余金额输入端相连，将第二个条件结构的加函数的输出端与存入金额输入端相连。第三个条件结构假分支如图 12-30 所示。

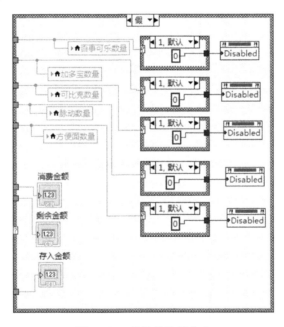

图 12-30 条件结构假分支

（37）添加第四个条件结构，将结算按钮与条件结构的条件接线端相连，在条件结构的真分支中添加一个数值常量，将数值常量改为"0"。

（38）分别创建"消费金额""剩余金额""存入金额"的局部变量，将三个局部变量放在第四个条件结构的真分支中，与数值常量 0 相连。创建"操作记录"局部变量，创建一个空的字符串常量，与操作记录局部变量相连，如图 12-31 所示。

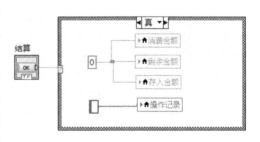

图 12-31 条件结构真分支

（39）依次选择"函数"→"编程"→"字符串"→"格式化日期/时间字符串"，添加一个格式化日期/时间字符串函数。在该函数的"时间格式字符串"输入端口输入字符串
`%y年%m月%d日 %I时%M分%S秒`，将日期/时间字符串输出端与字符串显示控件输入端相连。

（40）依次选择"函数"→"编程"→"结构"→"While 循环"，添加一个 While 循环，用 While 循环将所有结构全部框起来，将停止按钮与 While 循环的条件接线端相连。

12.3　自动售卖机整体的调试并运行程序

至此，基于 LabVIEW 的自动售卖机设计已经完成，通过不断调试、修改来保证程序运行的正确性。单击"运行"按钮，或使用快捷键 Ctrl＋R 来运行程序。图 12-32 和图 12-33 所示为运行界面。

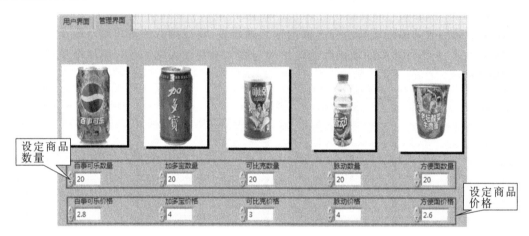

图 12-32　运行界面中的管理界面

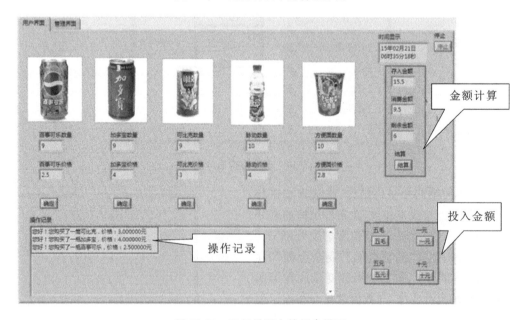

图 12-33　运行界面中的用户界面

12.4 自动售卖机的整体界面优化

为了使自动售卖机更逼真，主要是需要将前面板中的部分控件制作为用户自定义的控件，下面介绍如何制作用户自定义的控件。

下面主要介绍如何制作用户自定义的"确定"按钮。

右击"确定"按钮，执行快捷菜单中的"高级"→"自定义"命令，如图 12-34 所示。

进入一个新的前面板编辑区，如图 12-35 所示。

图 12-34 "自定义"命令

图 12-35 控件编辑区

单击 🔧 图标，切换到控件的自定义模式，如图 12-36 所示。图标变为 🖊️，表示切换为了自定义模式。

单击"确定"按钮，出现黑色虚线框，右击"确定"按钮，执行快捷菜单中的"以相同大小从文件导入"命令，如图 12-37 所示。

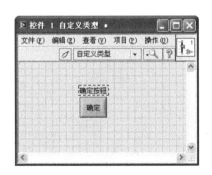

图 12-36 切换到自定义模式

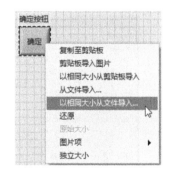

12-37 "以相同大小从文件导入"命令

从准备的图片文件中导入需要使用的图片，如图 12-38 所示。

添加图片后的图标如图 12-39 所示。

此时，只添加了"确定"按钮一面的图标，单击 🖊️ 图标，切换到编辑模式，鼠标指针在"确定"按钮上变成手形时单击，切换到"确定"按钮的另一面，单击 🔧 图标切换到自定义模式，以同样的方法添加另一面图片。图 12-40 所示为自定义完成的"确定"按钮。

图 12-38　添加相应图片

图 12-39　导入的图片　　　　图 12-40　自定义完成的确定按钮

　　保存自定义完成的控件，当需要用到确定按钮时，在前面板的控件面板中选择"选择控件"，如图 12-41 所示，选择用户自己保存控件即可。

　　与自定义的确定按钮方法一样，自定义的其他控件如图 12-42 所示。

图 12-41　自定义控件的添加　　　　图 12-42　自定义的其他控件

把前面板中相应的按钮用用户自定义的按钮替换掉,图 12-43 所示为替换后的前面板效果图。

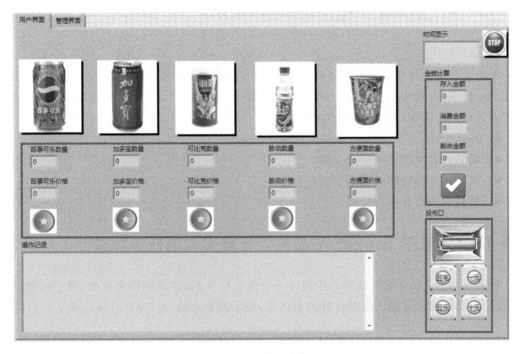

图 12-43　修改后的效果图

当然,用户也可以根据自己的喜好或参照实际的自动售卖机更好地修饰前面板的控件。

第13章 基于LabVIEW简易计算器的设计

本章主要通过与实际计算器进行比较,设计了基于LabVIEW的简易计算器,该实例中包含大量的子VI和数据处理,可以很好地帮助读者学会子VI的创建、调用和复杂的数据处理等方法和技巧。本章的主要内容如下:

- 基于LabVIEW简易计算器实现的任务要求;
- 简易计算器的任务实现步骤;
- 简易计算器整体的调试并运行程序;
- 简易计算器界面的优化。

13.1 基于LabVIEW简易计算器实现的任务要求

利用所学的LabVIEW基础知识设计一个简易计算器,要求能够实现加、减、乘、除的运算,在计算器的显示区输入需要计算的表达式,按下面板上的"="显示计算结果。

13.2 简易计算器的任务实现步骤

13.2.1 简易计算器前面板的设计

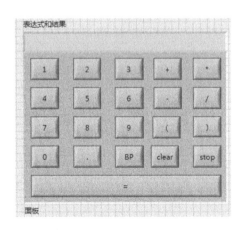

图13-1 设计好的前面板

（1）依次选择"控件"→"新式"→"字符串与路径"→"字符串显示控件",添加一个字符串显示控件,将标签改为"表达式和结果"。

（2）依次选择"控件"→"新式"→"数组、矩阵与簇"→"簇",添加一个簇。将标签改为"面板"。

（3）依次选择"控件"→"新式"→"布尔"→"确认按钮",添加21个确定按钮。分别在确定按钮的显示文本上显示0、1、2、3、4、5、6、7、8、9、.、+、-、*、/、(、)、BP、clear、stop、=,将21个确定按钮依次拖入到簇中。设置所有确定按钮标签属性为"不可见"。

图13-1所示为设计好的前面板。

13.2.2 简易计算器程序框图设计

由于程序框图中涉及多个子程序,所以下面将对主程序框图和各个子程序框图进行介绍。

1. 主程序框图设计

主程序框图流程图如图13-2所示。

主程序框图设计步骤如下所示。

（1）依次选择"函数"→"编程"→"结构"→"While循环"，添加一个 While 循环。

（2）在 While 循环边框上添加移位寄存器，右击 While 循环边框，执行快捷菜单中的"添加移位寄存器选项"命令。

（3）依次选择"函数"→"编程"→"字符串"→"空字符串常量"，在 While 循环外添加一个空字符串常量。将空字符串常量输出端口与移位寄存器的左端口相连。

（4）将"表达式和结果"字符串显示控件移至 While 循环内，与左端移位寄存器相连。

（5）依次选择"函数"→"编程"→"结构"→"事件结构"，在 While 循环内添加一个事件结构。在新添加的事件结构的超时端口创建一个数值常量，其值为"200"。

（6）在事件结构超时分支后添加一个事件分支，右击事件结构边框，执行快捷菜单中的"添加事件结构"命令，在弹出的对话框中，仿次选择"事件源"→"控件"→"面板"→"<All Elements>"，事件中选择"值改变"，如图 13-3 所示。

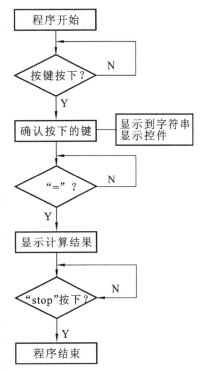

图 13-2 主程序框图流程图

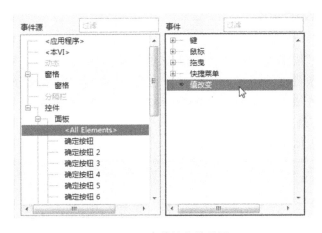

图 13-3 事件结构的设置

（7）依次选择"函数"→"编程"→"数组"→"簇至数组转换"，在事件结构分支 1 中添加两个簇至数组转换。分别将事件结构中"原值"和"新值"与簇至数组转换函数的输入端口相连。

（8）依次选择"函数"→"编程"→"数组"→"搜索一维数组"，添加两个搜索一维数组。将簇至数组转换函数的输出端口与搜索一维数组的"一维数组"端口相连，在搜索一维数组的"元素"端口创建一个真常量。

（9）依次选择"函数"→"编程"→"比较"→"不等于"，在"原值"连线上添加一个不等于函数。将搜索一维数组输出端口与不等于函数的上端口相连，在不等于函数的下端口创建一个数值常量，其值为"－1"。

（10）依次选择"函数"→"编程"→"结构"→"条件结构"，在事件结构内添加一个条件结构。将不等于函数的输出端口与条件结构的条件端口相连。

（11）在条件结构的真分支中将 While 循环左右两端的移位寄存器端口相连，添加一个假常量，将假常量与 While 循环的循环条件端口相连。

（12）在条件结构的假分支内添加两个条件结构，将事件结构中"新值"的连线分别与新添加的两个条件结构的条件端口相连。

（13）在第二个条件结构中除添加的两个分支外，还需要添加 19 分支，共计 21 个分支。

（14）根据簇中确定按钮的顺序确定各个分支中处理的程序。依次选择"函数"→"编程"→"字符串"→"连接字符串"，在分支 0 中添加一个连接字符串函数。将移位寄存器的左端连线与连接字符串上端口相连，在连接字符串下端口创建一个数值常量，其值为 1。

（15）21 个按键中除 BP、clear、stop、＝四个按键外，其他的按键处理与分支 0 相同。

（16）前面板中"BP"按键对应的序号是 11，所以依次选择"函数"→"编程"→"字符串"→"附加字符串函数"→"反转字符串"，在第二个条件结构的第 11 分支中添加两个反转字符串函数。

（17）在第 11 分支中将移位寄存器左端口与反转字符串输入端口相连。依次选择"函数"→"编程"→"字符串"→"截取字符串"，在该分支内添加一个截取字符串函数。将反转函数的输出端口与截取字符串函数的"字符串"端口相连，在"偏移量"端口创建一个数值常量，其值为"1"。

（18）将"子字符串"端口与反转字符串函数输入端口相连，输出端口与移位寄存器的右端口相连。

（19）前面板中"clear"按键对应的序号是 18。在分支 18 中创建一个空字符串常量，将其与移位寄存器的右端口相连。

（20）前面板中"stop"按键对应的序号是 17，将左右移位寄存器端口直接相连。

（21）前面板"＝"按键对应的序号是 16，这里需要添加的是一个子 VI，下文会介绍。

（22）在第三个条件结构中将分支序号分别改为"17"和"21"，将分支 21 设置为默认。在分支 17 中添加一个真常量与 While 循环的循环端口相连，在分支 21 中添加一个假常量，与 While 循环的循环端口相连。

主程序框图如图 13-4 所示。

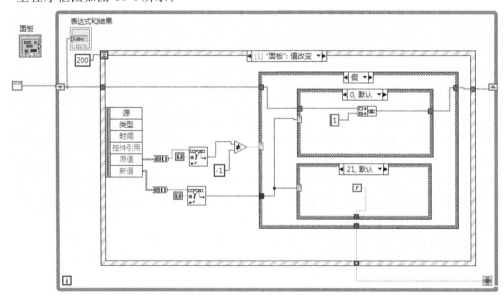

图 13-4　主程序框图

2. 第一个子 VI 程序设计

第一个子 VI 程序主要用于分解字符串中数字和符号,如在字符串输入框内输入"2＋3",经过该子 VI 程序处理后变为"2""＋3"。

1)子 VI 程序的前面板设计

(1)依次选择"控件"→"新式"→"字符串与路径"→"字符串输入控件",添加一个字符串输入控件。将字符串输入控件标签改为"输入字符串"。

(2)依次选择"控件"→"新式"→"字符串与路径"→"字符串显示控件",添加两个字符串显示控件。将两个字符串显示控件的标签改为"数字"和"剩余字符串"。

设计好的前面板如图 13-5 所示。

2)子 VI 程序框图设计

(1)依次选择"函数"→"编程"→"字符串"→"路径/数组/字符串转换"→"字符串至字节数组转换",添加一个字符串至字节数组转换函数。

(2)将"输入字符串"字符串输入控件输出端口与字符串至字节数组转换函数的输入端口相连。

(3)依次选择"函数"→"编程"→"结构"→"While 循环",添加一个 While 循环。

(4)依次选择"函数"→"编程"→"比较"→"判定范围并强制转换",在 While 循环内添加一个判定范围并强制转换函数。右击该函数,执行快捷菜单中的"包括上限"和"包括下限"命令,如图 13-6 所示。将函数上限设置为"57",下限设置为"48"。

图 13-5　设计好的前面板　　　　13-6　判定范围并强制转换函数的设定

(5)将字符串至字节数组转换函数的输出端口与判定范围并强制转换函数的"x"端口相连。右击索引隧道,执行快捷菜单中的"启用索引"。

(6)依次选择"函数"→"编程"→"比较"→"等于",在 While 循环内添加一个等于函数。将索引口与等于函数的上端口相连,在等于函数的下端口创建一数值常量为"46"。

(7)依次选择"函数"→"编程"→"布尔"→"或",在 While 循环内添加一个或函数,将等于函数的输出端口与或函数的下端口相连,将判定范围并强制转换函数的输出端口与或函数的上端口相连。

(8)将 While 循环的循环接线端改为"真 T 时继续",将或函数的输出端与循环接线端相连。

(9)依次选择"函数"→"编程"→"数组"→"数组子集",在 While 循环外添加一个数组子集函数。

（10）将字符串至字节数组转换函数输出端口与数组子集的数组端口相连,在数组子集的索引端口创建数值常量为"0",将 While 循环的循环计数端与数组子集的"长度"端口相连。

（11）依次选择"函数"→"编程"→"数组"→"删除数组元素",在 While 循环外添加一个删除数组元素函数,将字符串至字节数组转换函数的输出端口与删除数组元素的"数组"端口相连,将 While 循环的循环计数端与删除数组元素函数的"长度"端口相连。在该函数的索引端口创建一个数值常量为"0"。

（12）依次选择"函数"→"编程"→"字符串"→"路径/数组/字符串转换"→"字节数组至字符串转换",添加两个字节数组至字符串转换函数。

（13）将数组子集和删除数组元素的输出端口分别与字节数组至字符串转换函数的输入端口相连。将字节数组至字符串转换函数的输出端口分别与两个字符串显示控件的输入端口相连。

程序框图如图 13-7 所示。

3）子 VI 连线板的设置

返回到前面板,右击连线板,执行快捷菜单中的"模式"命令,设置连线板端口,由前面板可知,输入端口为一个,输出端口为两个,如图 13-8 所示。

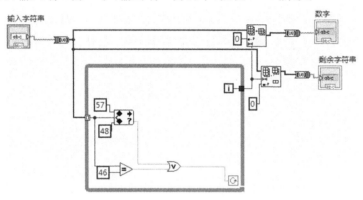

图 13-7　第一个子 VI 程序框图　　　　　　　　　图 13-8　连线板设置

4）子 VI 图标设置

右击 VI 图标,执行快捷菜单中的"编辑图标"命令,进入图标编辑器对话框（见图 13-9）,图 13-10 所示为编辑的图标。

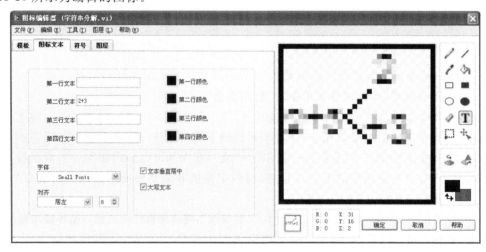

图 13-9　图标编辑器对话框

3. 第二个子 VI 程序设计

第二个子 VI 主要用于将字符串中数字和符号分隔开来,如

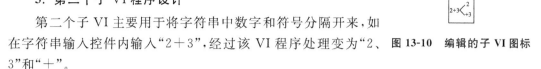

在字符串输入控件内输入"2+3",经过该 VI 程序处理变为"2、 图 13-10 编辑的子 VI 图标
3"和"+"。

1) 子 VI 程序前面板设计

(1) 依次选择"控件"→"新式"→"字符串与路径"→"字符串输入控件",添加一个字符串输入控件,将标签改为"输入字符串"。

(2) 依次选择"控件"→"新式"→"数组、矩阵与簇"→"数组",添加一个数组,向数组中添加数值显示控件,数组成员个数设置为任意个,将标签改为"数字"。

(3) 添加一个数组,向数组框架内添加一个字符串显示控件,数组成员个数设置为任意个,将标签改为+、-、*、/符号。

设计好的前面板如图 13-11 所示。

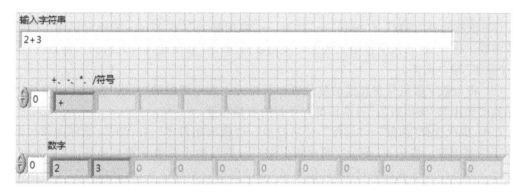

图 13-11 设计好的前面板

2) 子 VI 流程图

该子 VI 流程图如图 13-12 所示。

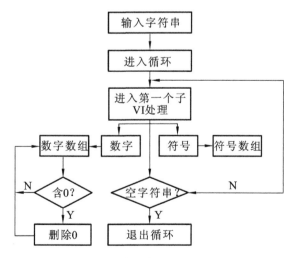

图 13-12 第二个子 VI 的流程图

3) 子 VI 的程序框图设计

(1) 依次选择"函数"→"编程"→"结构"→"While 循环",添加一个 While 循环。

（2）在 While 循环上创建三个移位寄存器，右击 While 循环边框，执行快捷菜单中的"添加移位寄存器"命令。

（3）依次选择"函数"→"编程"→"数组"→"数组常量"，在 While 循环外创建一个数值数组常量，依次选择"函数"→"编程"→"数值"→"数值常量"，向数组常量中添加一个数值常量。

（4）依次选择"函数"→"编程"→"数组"→"数组常量"，在 While 循环外创建一个字符串数组常量。向数组常量中添加字符串常量。

（5）将数值数组常量、输入字符串、字符串数组常量分别与三个移位寄存器的左端口相连。

（6）在 While 循环内添加第一个子 VI 程序。将与输入字符串端口连接的移位寄存器端口与子 VI 程序的"输入字符串"端口相连。

（7）依次选择"函数"→"编程"→"字符串"→"数值/字符串转换"→"分数/指数字符串至数值转换"，添加一个分数/指数字符串至数值转换函数。将子 VI 程序的"数字"输出端口与分数/指数字符串至数值转换函数的"字符串"端口相连。

（8）依次选择"函数"→"编程"→"数组"→"数组插入"，在 While 循环内创建一个数组插入函数。将分数/指数字符串至数值转换函数的"数字"输出端口与数组插入函数的"新元素/子数组"端口相连。

（9）将与数字数组常量相连的移位寄存器与插入数组函数的"数组"端相连。将插入数组函数的输出端"输出数组"与该移位寄存器的右端相连。

（10）依次选择"函数"→"编程"→"字符串"→"截取字符串"，在 While 循环内添加两个截取字符串函数。将子 VI 剩余字符串输出端口分别与两个截取字符串函数的"字符串"端口相连。在其中一个截取字符串的"偏移量"端口创建一个数值常量，其值为"1"，将该截取字符串函数的输出端口连接到与输入字符串连接的移位寄存器的右端。

（11）在另一个截取字符串函数的偏移量端口创建一个数值常量，其值为"0"，在长度端创建一个数值常量为"1"。

（12）依次选择"函数"→"编程"→"数组"→"创建数组"，在 While 循环内添加一个创建数组函数。将截取字符串函数的输出端口与创建数组函数的一个端口相连。

（13）将字符串数组常量连接的移位寄存器连接到创建数组函数的另一端和 While 循环外的＋、－、＊、／符号输入端。创建数组函数的输出端与相应的移位寄存器相连。

（14）依次选择"函数"→"编程"→"比较"→"等于"，在 While 循环内添加一个等于函数。将子 VI 的"剩余字符串"输出端与等于函数的上端口相连，在等于函数的下端口创建一个空字符串常量。

（15）将等于函数的输出端与 While 循环的条件接线端相连。

（16）依次选择"函数"→"编程"→"数组"→"反转一维数组"，在 While 循环外再添加一个反转一维数组函数。将与数值数组常量连接的移位寄存器与反转一维数组的输入端相连。

（17）依次选择"函数"→"编程"→"数组"→"索引数组"，添加一个索引数组。将反转一维数组的输出端与索引数组的"数组"端相连，在索引数组的"索引"端创建一个数值常量，其值为"0"。

（18）依次选择"函数"→"编程"→"比较"→"等于 0"，添加一个等于 0 函数。将索引数组的输出端与等于 0 函数的输入端相连。

（19）依次选择"函数"→"编程"→"结构"→"条件结构"，添加一个条件结构。将等于 0 函数的输出端与条件结构的条件接线端相连。

（20）依次选择"函数"→"编程"→"数组"→"删除数组元素"，在条件结构的真分支中添加一个删除数组元素函数。将反转一维数组的输出端与删除数组元素的"数组"端口相连。在删除数组元素函数的索引端口创建一个数值常量，其值为"0"。

（21）在条件结构的假分支中不做任何处理。

（22）在条件结构外添加一个反转一维数组函数，将条件结构上的隧道与反转一维数组的输入端相连，将该函数的输出端与"数字"数组相连。

程序框图如图 13-13 所示。

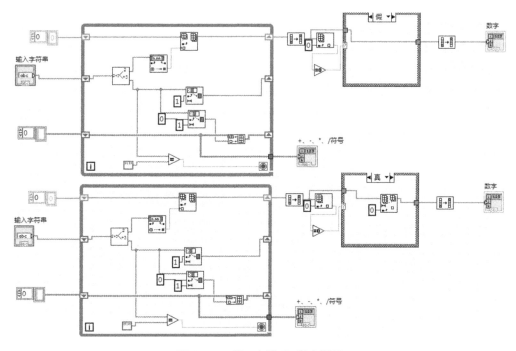

图 13-13　第二个子 VI 程序框图

4）运行程序

在"输入字符串"内输入一串表达式，如"2＋3＋4＋"，单击"运行"按钮，运行界面如图 13-14 所示。

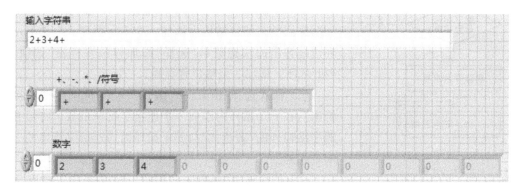

图 13-14　运行界面

5）连线板设置

由程序框图可知，输入端口为一个，输出端口有两个，所以连线板的设置如图 13-15 所示。

6）子 VI 图标的设置

图 13-16 所示为子 VI 图标的编辑。

图 13-15　连线板的设置　　　　图 13-16　子 VI 图标的编辑

4. 第三个子 VI 程序设计

第三个子 VI 主要用于计算表达式的值。如在表达式内输入"2 * 3"，经过该子 VI 处理，结果为"6.00000"。

1）前面板设计

（1）依次选择"控件"→"新式"→"数组、矩阵与簇"→"数组"，添加一个数组控件，向数组中添加一个字符串输入控件，数组成员个数设置为任意个，将标签改为"表达式"。

（2）依次选择"控件"→"新式"→"字符串与路径"→"字符串显示控件"，添加一个字符串显示控件，将标签改为"表达式结果"。

前面板设计如图 13-17 所示。

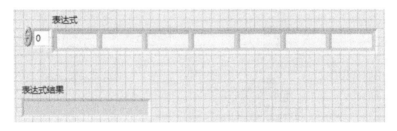

图 13-17　前面板设计

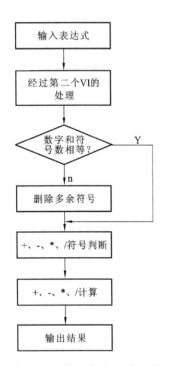

图 13-18　第三个子 VI 流程图

2）子 VI 流程图

第三个子 VI 的流程图如图 13-18 所示。

3）程序框图设计

（1）依次选择"函数"→"编程"→"结构"→"层叠式顺序结构"，添加一个层叠式顺序结构。

（2）依次选择"函数"→"编程"→"结构"→"For 循环"，在层叠式顺序结构内添加一个 For 循环。右击 For 循环边框弹出的快捷菜单，选择"添加移位寄存器"选项，在 For 循环上添加一个移位寄存器。

（3）依次选择"函数"→"编程"→"字符串"→"连接字符串"，在 For 循环内添加一个连接字符串函数。将层叠式顺序结构外的"表达式"与 For 循环内的连接字符串的一个端口相连。

（4）依次选择"函数"→"编程"→"字符串"→"字符串常量"，在 For 循环外添加一个字符串常量。将字符串常量输出端与移位寄存器的左端口相连，将左端口移位寄存器与连接字符串另一端口相连。将连接字符串函数的输出端口与移位寄存器的右端口相连。

（5）在 For 循环外添加第二个子 VI 程序，将移位寄存器的右端口与子 VI 程序的"输入字符串"端口相连。

（6）依次选择"函数"→"编程"→"数组"→"数组大小"，添加两个数组大小函数。

（7）将子 VI 程序的"数字"输出端与数组大小函数的"数组"端相连，将子 VI 程序的＋、－、＊、/符号输出端与数组大小函数的输入端相连。

（8）依次选择"函数"→"编程"→"比较"→"等于"，添加一个等于函数，将两个数组大小函数的输出端分别与等于函数的上下两个端口相连。

（9）依次选择"函数"→"编程"→"结构"→"条件结构"，添加一个条件结构，将等于函数的输出端与条件结构的条件接线端相连。

（10）依次选择"函数"→"编程"→"数组"→"删除数组元素"，在条件结构的真分支内添加一个删除数组元素。

（11）将子 VI 程序的＋、－、＊、/符号输出端与删除数组元素的"数组"端相连。

（12）依次选择"函数"→"编程"→"数值"→"减 1"，添加一个减 1 函数。将数组大小输出端与减 1 函数输入端相连，将减 1 函数输出端与删除数组元素的"索引"端相连。

（13）条件结构的假分支不做处理。

（14）依次选择"函数"→"编程"→"结构"→"层叠式顺序结构"，添加一个层叠式顺序结构。将层叠式顺序结构的分支设置为两个。

（15）依次选择"函数"→"编程"→"结构"→"For 循环"，在层叠式顺序结构的分支 0 中添加一个 For 循环。在 For 循环上添加两组移位寄存器。

（16）依次选择"函数"→"编程"→"数组"→"数组大小"，在 For 循环外添加一个数组大小函数。将条件结构隧道口分别连接至数组大小函数的"数组"端口和移位寄存器的左端口，将数组大小函数的输出端口与 For 循环的循环总计数端口相连。

（17）将子 VI"数字"输出端口与添加的另一个移位寄存器的左端口相连。

（18）依次选择"函数"→"编程"→"结构"→"While 循环"，在 For 循环内添加一个 While 循环。

（19）依次选择"函数"→"编程"→"数组"→"数组大小"，在 While 循环内添加一个数组大小函数。将与符号相关的移位寄存器与数组大小函数的"数组"端口相连。

（20）依次选择"函数"→"编程"→"数组"→"索引数组"，添加一个索引数组函数，将与符号相关的移位寄存器与索引数组函数的"数组"端口相连。

（21）将 While 循环的循环计数端与索引数组函数的"索引"端口相连。

（22）依次选择"函数"→"编程"→"比较"→"等于"，添加两个等于函数。将索引数组函数的输出端口分别与两个等于函数的上端口相连。在等于函数的下端口分别创建两个字符串常量，常量值为"＊""/"。

（23）依次选择"函数"→"编程"→"布尔"→"或"，添加一个或函数。将两个等于函数的输出端口分别与或函数的上下端口相连。

（24）依次选择"函数"→"编程"→"数值"→"减 1"，添加一个减 1 函数。将数组大小函数的输出端口与减 1 函数的输入端相连。

（25）依次选择"函数"→"编程"→"比较"→"大于等于"，添加一个大于等于函数。将减 1 函数的输出端与大于等于函数的下端口相连。将 While 循环计数端与大于等于函数的上端口相连。

（26）依次选择"函数"→"编程"→"布尔"→"或"，添加一个或函数。将第一个或函数的输出端和大于等于函数的输出端分别与新添加或函数的上下两个输入端口相连，或函数的输出端口与 While 循环的循环条件接线端相连。

（27）依次选择"函数"→"编程"→"结构"→"条件结构"，在 For 循环内添加一个条件结构。在新添加的条件结构内添加一个条件结构。将第一个或函数的输出端口与外围条件结构的条件接线端相连。将与乘法相关等于函数的输出端与内部条件结构的条件接线端相连。

（28）依次选择"函数"→"编程"→"数组"→"索引数组"，在里面一个条件结构内添加两个索引数组函数。将与数字相关移位寄存器端与两个索引数组函数的"数组"端相连。

（29）依次选择"函数"→"编程"→"数值"→"加 1"，添加一个加 1 函数。将前面 While 循环的循环计数输出端口分别与加 1 函数的输入端口和一个索引数组函数的"索引"端口相连。将加 1 函数的输出端与另外一个索引数组函数的"索引"端相连。

（30）依次选择"函数"→"编程"→"数值"→"乘"，添加一个乘函数。将两个索引数组函数的输出端口与乘函数的上下端口相连。

（31）依次选择"函数"→"编程"→"数组"→"删除数组元素"，添加一个删除数组元素。将与数字相关的移位寄存器与删除数组元素函数的"数组"端口相连。将 While 循环的循环计数端与删除数组元素函数的"索引"端相连。

（32）依次选择"函数"→"编程"→"数组"→"替换数组子集"，添加一个替换数组子集函数。将删除数组元素的输出端"已删除元素的数组子集"与替换数组子集的"数组"端相连。将 While 循环的循环计数端与替换数组子集的"索引"端口相连。将乘函数的输出端口与替换数组子集的"新元素/子数组"端口相连。将替换数组子集函数的输出端口与数字相关的移位寄存器的右端相连。

（33）依次选择"函数"→"编程"→"数组"→"删除数组元素"，添加一个删除数组元素函数。将与符号相关的移位寄存器与删除数组元素函数的"数组"端口相连。将 While 循环计数端口与删除数组元素的"索引"端口相连。将删除数组元素的"已删除元素的数组子集"输出端口连接到与符号相关的移位寄存器的右端。

（34）该条件结构的真分支处理的是乘函数，假分支处理的是除函数，与乘函数类似，这里不再介绍其连线。外围条件结构的假分支不处理任何程序。

（35）在层叠式顺序结构上添加两个顺序局部变量，用于将分支 0 中的数据传递到分支 1 中去。右击层叠式顺序结构的边框，执行快捷菜单中的"添加顺序局部变量"命令。分别将与数字相关、与符号相关的移位寄存器输出端与两个顺序局部变量相连。

（36）切换到层叠式顺序结构分支 1 中。依次选择"函数"→"编程"→"结构"→"For 循环"，在分支 1 中添加一个 For 循环。在 For 循环上添加一个对移位寄存器。

（37）依次选择"函数"→"编程"→"数组"→"数组大小"，在 For 循环外添加一个数组大小函数。将与数字相关的顺序局部变量分别与数组大小函数的输入端和移位寄存器左端相连。

（38）依次选择"函数"→"编程"→"数值"→"减 1"，添加一个减 1 函数。将数组大小函数的输出端口与减 1 函数输入端口相连。将减 1 函数的输出端口与 For 循环的循环总计数端相连。

（39）依次选择"函数"→"编程"→"结构"→"条件结构"，在 For 循环内添加一个条件结构。

（40）依次选择"函数"→"编程"→"比较"→"等于"，在条件结构外添加一个等于函数。

将与符号相关的顺序局部变量与等于函数的上端口相连,在等于函数的下端口创建一个字符串常量,设为"＋",将等于函数的输出端与条件结构的条件端口相连。

(41)依次选择"函数"→"编程"→"数组"→"索引数组",在条件结构外添加两个索引数组函数。将移位寄存器左端分别与两个索引数组函数的"数组"端口相连。

(42)依次选择"函数"→"编程"→"数值"→"数值常量",创建一个数值常量,将常量值设置为"0"。与其中一个索引数组函数的"索引"端口相连。

(43)依次选择"函数"→"编程"→"数值"→"加1",添加一个加1函数。将数值常量输出端与加1函数的输入端相连。将加1函数的输出端与另一索引数组的"索引"端口相连。

(44)依次选择"函数"→"编程"→"数组"→"删除数组元素",在条件结构的真分支中添加一个删除数组元素。将移位寄存器与删除数组元素的"数组"端口相连。在"索引"端口创建数值常量,其值为"0"。

(45)依次选择"函数"→"编程"→"数值"→"加",添加一个加函数。将两个索引数组的输出端口与加函数的两个输入端相连。

(46)依次选择"函数"→"编程"→"数组"→"替换数组子集",添加一个替换数组子集函数。将删除数组函数的输出端口"已删除元素的数组子集"与替换数组子集函数的"数组"端口相连。在替换数组子集的"索引"端口创建一个数值常量,其值为"0",将加函数的输出端口与替换数组子集函数的"新元素/子数组"端口相连。

(47)将替换数组子集函数的输出端口与移位寄存器的右端相连。条件结构的假分支处理的是减函数,与加函数类似,这里不再叙述其连线。

(48)依次选择"函数"→"编程"→"数组"→"索引数组",在层叠式顺序结构外添加一个索引数组函数。索引数组的索引端创建一个数值常量,其值为"0"。

(49)依次选择"函数"→"编程"→"字符串"→"数值/字符串转换"→"数值至小数字符串转换",在最外面的层叠式顺序结构外添加一个数值至小数字符串转换函数。将索引数组的输出端口与数值至小数字符串转换函数的"数字"端口相连。将该函数的输出端口与"表达式结果"的显示控件相连。

程序框图如图 13-19 所示。

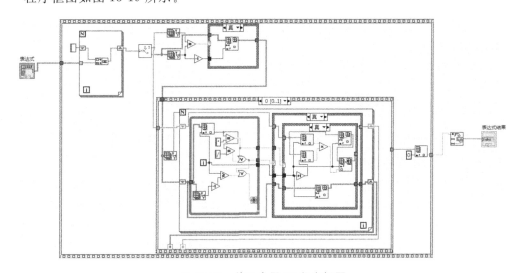

图 13-19　第三个子 VI 程序框图

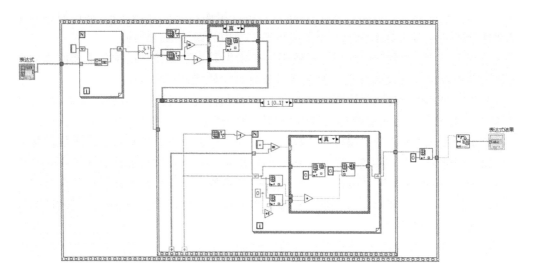

续图 13-19

4）运行程序

在数值数组中输入表达式，如输入"2 * 3"，单击"运行"按钮，图 13-20 所示为运行界面。

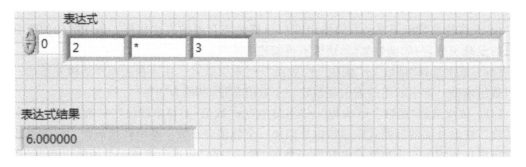

图 13-20 运行界面

5）连线板的设置

已知只有一个输入端和一个输出端，所以设置的连线板如图 13-21 所示。

6）图标的编辑

图 13-22 所示为编辑的图标。

图 13-21 连线板设置　　　　图 13-22 子 VI 图标的编辑

5. 第四个子 VI 程序设计

第四个子 VI 主要用于将字符串分解开来显示到字符串数组中，如在字符串输入控件内输入"(2+3+4)"，经过该程序处理，显示在字符串数组中为"（""2""+""3""+""4""）"。

1）前面板设计

（1）依次选择"控件"→"新式"→"字符串与路径"→"字符串输入控件"，添加一个字符串输入控件。

（2）依次选择"控件"→"新式"→"数组、矩阵与簇"→"数组"，添加一个数组。向数组内添加字符串显示控件，成员数设置为任意个。

设计好的前面板如图 13-23 所示。

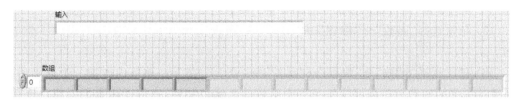

图 13-23　设计好的前面板

2）程序框图设计

（1）依次选择"控件"→"新式"→"结构"→"层叠式顺序结构"，添加一个层叠式顺序结构。将层叠式顺序结构分支设置为五个。

（2）依次选择"函数"→"编程"→"结构"→"While 循环"，在层叠式顺序结构的分支 0 中添加一个 While 循环。在 While 循环上添加两对移位寄存器。

（3）依次选择"函数"→"编程"→"数组"→"数组常量"，在 While 循环外添加一个数组常量。向数组常量中添加一个字符串常量。将数组常量的输出端与其中一个移位寄存器的左端相连。将"输入"字符串输入控件与另一个移位寄存器左端相连。

（4）依次选择"函数"→"编程"→"字符串"→"附加字符串"→"搜索/拆分字符串"，在 While 循环内添加一个搜索/拆分字符串函数。将第二个移位寄存器与搜索/拆分字符串函数的"字符串"端口相连。在该函数的"搜索字符/字符串"端口创建一个字符串常量，常量值为"＋"。

（5）依次选择"函数"→"编程"→"结构"→"条件结构"，在 While 循环内添加一个条件结构。

（6）依次选择"函数"→"编程"→"比较"→"等于"，添加一个等于函数。将搜索/拆分字符串函数的输出端口"匹配偏移量"与等于函数的上端口相连。等于函数的下端口创建一个数值常量，其值为"－1"。

（7）将等于函数的输出端口分别与 While 循环的循环条件接线端和条件结构条件接线端相连。

（8）条件结构的真分支不做处理，依次选择"函数"→"编程"→"数组"→"创建数组"，在条件结构的假分支中添加一个创建数组函数。将与数组常量相连的移位寄存器与创建数组函数的一端相连。将搜索/拆分字符串函数的"匹配之前的子字符串"输出端口与创建数组函数的一个端口相连，在创建数组函数的第三个端口创建一个字符串常量，值为"＋"，将创建数组函数输出端口与相对应的右侧移位寄存器相连。

（9）在条件结构内添加一个搜索/拆分字符串函数，将前一个搜索/拆分字符串函数的"匹配＋剩余字符串"输出端口与新添加的搜索/拆分字符串函数的"字符串"输入端口相连。

（10）在搜索/拆分字符串函数的偏移量输入端口创建一个数值常量，其值为"1"。将搜索/拆分字符串函数的"匹配＋剩余字符串"输出端口与相应移位寄存器的右端口相连。

（11）在 While 循环外添加一个创建数组函数，将两个移位寄存器端口与创建数组函数两个端口相连。

（12）在层叠式顺序结构上添加一个顺序局部变量，将创建数组函数的输出端口与添加的顺序局部变量相连。

（13）这里主要是确认"＋""－""＊""/""（""）"这些符号，前面已经介绍了加法的连线，其余的符号与之类似，这里不再介绍。

（14）在层叠式顺序结构外添加一个 For 循环。在 For 循环上添加一个对移位寄存器。创建一个数组常量,向常量内添加字符串常量。将数组常量与移位寄存器相连。

（15）依次选择"函数"→"编程"→"结构"→"条件结构",在 For 循环内添加一个条件结构。

（16）依次选择"函数"→"编程"→"比较"→"等于",在 For 循环内添加一个等于函数。将层叠式顺序结构的顺序局部变量与等于函数的上端口相连,在等于函数的下端口连接一个空字符串常量。等于函数的输出端口与条件结构的条件端口相连。

（17）依次选择"函数"→"编程"→"数组"→"创建数组",在条件结构的假分支中添加一个创建数组函数。将与顺序局部变量有关的连线与创建数组函数的一个端口相连,将移位寄存器与创建数组的另一端口相连。将创建数组的输出端口与字符串数组显示控件的输入端口相连。

程序框图如图 13-24 所示。

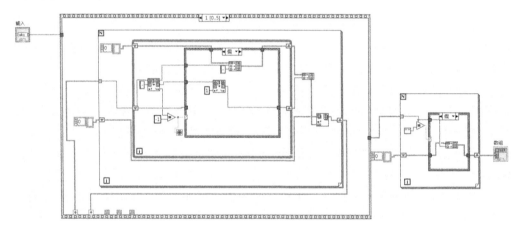

图 13-24　第四个子 VI 程序框图

3）运行程序

在字符串输入控件内输入字符串,如输入(2+3)*5,运行界面如图 13-25 所示。

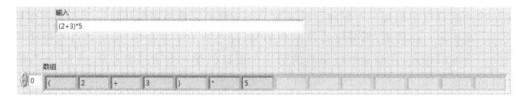

图 13-25　运行界面

4）连线板设置

由前面板知只有一个输入端口和一个输出端口,所以连线板设置如图 13-26 所示。

5）图标编辑

由于这个图标不便用符号来表示,所以我们直接输入文字"分解字符串",如图 13-27 所示。

图 13-26　连线板设置　　　　图 13-27　图标的编辑

6. 第五个子 VI 的设计

第五个子 VI 主要用于判断表达式中是否有括号，如果有就分离括号和括号内的表达式。如输入表达式"(2+3)"，经过该 VI 处理后将成为"()"和"2+3"两部分。

1）前面板设计

（1）依次选择"控件"→"新式"→"数组、矩阵与簇"→"数组"，添加一个数组，向数组控件中添加字符串输入控件，数组成员设置为任意个，将标签改为"输入字符串"。

（2）依次选择"控件"→"新式"→"数值"→"数值显示控件"，添加两个数值显示控件。将两个数值显示控件的标签分别改为"前括号索引"和"后括号索引"。

（3）依次选择"控件"→"新式"→"数组、矩阵与簇"→"数组"，添加一个数组控件，向数组内添加字符串显示控件，成员数设置为任意个。

设计好的前面板如图 13-28 所示。

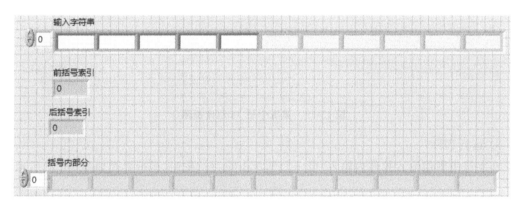

图 13-28　设计好的前面板

2）程序框图设计

（1）依次选择"函数"→"编程"→"数组"→"搜索一维数组"，添加一个搜索一维数组函数。将"输入字符串"的输出端口与搜索一维数组函数的"一维数组"端口相连。在搜索一维数组函数的"元素"端口创建一个字符串常量为"("。

（2）依次选择"函数"→"编程"→"数组"→"拆分一维数组"，添加一个拆分一维数组函数。将"输入字符串"的输出端口与拆分一维数组函数的"元素"端口相连。将搜索一维数组函数的输出端口"元素索引"分别与拆分一维数组函数的"索引"端口和"后括号索引"显示控件相连。

（3）依次选择"函数"→"编程"→"数组"→"反转一维数组"，添加一个反转一维数组函数。将拆分一维数组函数的"第一个子数组"输出端口与反转一维数组函数的"数组"端口相连。

（4）添加一个搜索一维数组函数，将反转一维数组函数的输出端与搜索一维数组函数的"数组"端相连。在搜索一维数组的"元素"端口创建一个字符串常量为"("。

（5）添加一个拆分一维数组函数，将反转一维数组函数的输出端与拆分一维数组函数的"数组"端相连。将搜索一维数组函数的输出端"元素索引"与拆分一维数组函数的"索引"端口相连。

（6）添加一个反转一维数组函数，将拆分一维数组函数的输出端"第一个子数组"与反转一维数组函数的"数组"端口相连。将反转一维数组函数的输出端口与"括号内部分"的字符串数组的输入端口相连。

（7）依次选择"函数"→"编程"→"数值"→"减"，添加一个减函数。将第一个搜索一维数组函数的输出端与减函数的上端口相连，将第二个搜索一维数组函数的输出端口与减函数的下端口相连。

（8）添加一个减 1 函数，将减函数的输出端与减 1 函数的输入端相连。将减 1 函数的输出端与"前括号索引"输入端相连。

程序框图如图 13-29 所示。

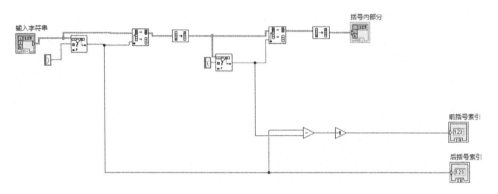

图 13-29　第五个子 VI 程序框图

3）运行程序

在字符串数组输入控件内输入"（2＋3）"，单击"运行"按钮，运行界面如图 13-30 所示。

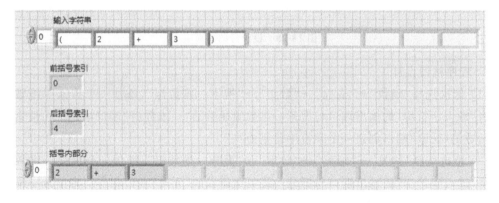

图 13-30　运行界面

4）连线板设置

已知有一个输入端口、三个输出端口，所以连线板的设置如图 13-31 所示。

5）图标的编辑

图标编辑如图 13-32 所示。

图 13-31　连线板的设置　　　图 13-32　图标编辑

7. 第六个子 VI 的设计

第六个子 VI 主要用于调用前面五个子 VI 来计算表达式的值。

1）前面板设计

（1）依次选择"控件"→"新式"→"字符串与路径"→"字符串输入控件"，添加一个字符串输入控件。将标签改为"输入字符串表达式"。

（2）依次选择"控件"→"新式"→"字符串与路径"→"字符串显示控件"，添加一个字符串显示控件。将标签改为"结果"。

设计好的前面板如图 13-33 所示。

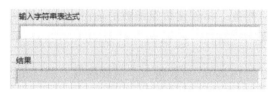

图 13-33　设计好的前面板

2）程序框图设计

（1）依次选择"函数"→"编程"→"结构"→"While 循环"，添加一个 While 循环。

（2）添加图标为 分解字符串 的子 VI，将"输入字符串表达式"输出端口与该子 VI 的输入端口相连。

（3）在 While 循环上添加一个对移位寄存器。将"分解字符串"子 VI 输出端口与移位寄存器的左端口相连。

（3）在 While 循环内添加图标为 数字和括号分离 的子 VI，将移位寄存器的左端口与"数字和括号分离"子 VI 的输入端口相连。

（4）依次选择"函数"→"编程"→"比较"→"等于"，添加一个等于函数。将"数字和括号分离"子 VI 的输出端"前括号索引"与等于函数的上端口相连，在等于函数的下端口创建一个数值常量，其值为"－1"。

（5）依次选择"函数"→"编程"→"结构"→"条件结构"，在 While 循环内添加一个条件结构。将等于函数的输出端口与条件结构的条件端口相连。

（6）在条件结构的真分支中添加图标为 2*3=6 的子 VI，将移位寄存器左端与该子 VI 的输入端口相连。

（7）依次选择"函数"→"编程"→"数组"→"创建数组"，添加一个创建数组函数。将 2*3=6 子 VI 的输出端与创建数组函数的一个端口相连，将创建数组函数的输出端口与移位寄存器的右端口相连。

（8）依次选择"函数"→"编程"→"数组"→"拆分一维数组"，在条件结构的假分支中添加两个拆分一维数组函数。将移位寄存器的左端口分别与两个拆分一维数组函数的"数组"端口相连。将 数字和括号分离 子 VI 的输出端口"前括号索引"与拆分一维数组函数的"索引"端口相连。

（9）依次选择"函数"→"编程"→"数值"→"加 1"，添加一个加 1 函数。将 数字和括号分离 子 VI 的输出端口"后括号索引"与加 1 函数的输入端口相连。将加 1 函数的输出端口与拆分一维数组函数的"索引"端口相连。

（10）添加图标为 2*3=6 的子 VI，将 分解字符串 的子 VI 的输出端"括号内的部分"与 2*3=6 子 VI 的输入端口相连。

（11）添加一个创建数组函数，将端口设置为三个。将第一个拆分一维数组函数的"第一个子数组"输出端口与创建数组函数的第一个端口相连，将第二个拆分一维数组函数的"第二个子数组"输出端口与创建数组函数的第三个端口相连。将 2*3=6 子 VI 输出端口与创建数组函数的第二个端口相连。将创建数组函数的输出端口与移位寄存器的右端口相连。

（12）依次选择"函数"→"编程"→"数组"→"数组大小"，添加一个数组大小函数。将 数字和括号分离 子 VI 的输出端口"括号内部分"与数组大小函数的输入端口相连。

（13）添加一个等于 0 函数，将数组大小函数的输出端口与等于 0 函数的输入端口相连，将等于 0 函数的输出端口与 While 循环的循环条件接线端相连。

（14）依次选择"函数"→"编程"→"数组"→"索引数组"，在 While 循环外添加一个索引数组函数。将移位寄存器的右端口与索引数组函数的"数组"端口相连，在索引数组的"索引"端口创建一个数值常量，其值为"0"。

（15）将索引数组的输出端口与"结果"显示控件的输入端口相连。

程序框图如图 13-34 所示。

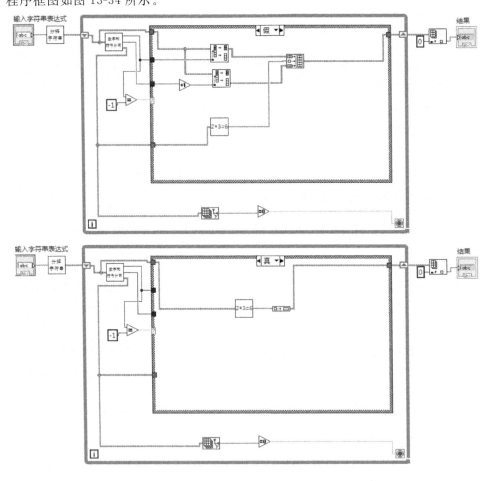

图 13-34　第六个子 VI 程序框图

3）运行程序

在"输入字符串表达式"内输入表达式"（2＋3）＊5"，运行界面如图 13-35 所示。

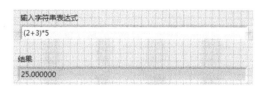

图 13-35 运行界面

4）连线板设置

由前面板知有一个输入端口和一个输出端口，所以连线板设置如图 13-36 所示。

5）图标编辑

图标编辑如图 13-37 所示。

图 13-36 连线板设置   图 13-37 图标编辑

13.3 简易计算器整体的调试并运行程序

回到主程序框图设计中，在主程序框图的条件分支的第 16 分支中添加图标为 的子 VI。此时基于 LabVIEW 简易计算器的设计已经完成，运行界面如图 13-38 所示。

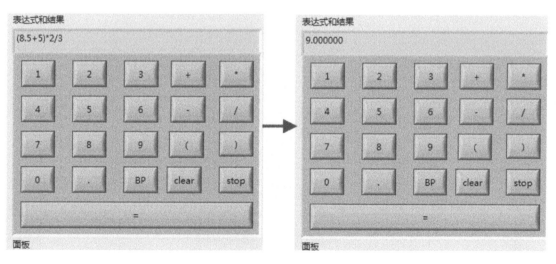

图 13-38 标准型计算器运行界面

13.4 简易计算器界面的优化

将"输入字符串表达式"标签设为不可见，将"面板"簇标签设为不可见。利用工具面板中设置颜色功能，将简易计算器显示区背景色设置为淡绿色，将按键设置为白色，背景色为黑色,图 13-39 所示为修改后的计算器界面。

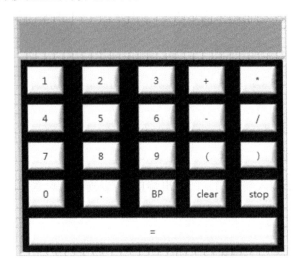

图 13-39 修改后的计算器界面

参 考 文 献

［1］ 何玉钧,高会生. LabVIEW 虚拟仪器设计教程［M］. 北京:人民邮电出版社,2012.

［2］ 李江全,任玲,廖结安,等. LabVIEW 虚拟仪器从入门到测控应用 130 例［M］. 北京:电子工业出版社,2014.

［3］ 张桐,陈国顺,王正林. 精通 LabVIEW 程序设计［M］. 北京:电子工业出版社,2008.

［4］ 陈锡辉,张银鸿. LabVIEW 8.20 程序设计从入门到精通［M］. 北京:清华大学出版社,2007.

［5］ 阮奇桢. 我和 LabVIEW［M］. 2 版. 北京:北京航空航天大学出版社,2012.

［6］ 申焱华,王汝杰,雷振山. LabVIEW 入门与提高范例教程［M］. 北京:中国铁道出版社,2007.